コオロギ類 キリギリス類
捕り方から飼い方まで

図鑑 日本の鳴く虫

奥山　風太郎

もくじ

Column

本書で紹介する鳴く虫

「鳴く虫」といっても実際に声帯を持っている虫はいないので、厳密には『鳴く昆虫』というのは存在しません。しかし、一般的にはセミやコオロギ、キリギリスといった音を発する虫を古くから習慣的に鳴く虫と呼んでいます。

コオロギやキリギリスが目レベル（バッタ目）で同じ仲間なのに対して、セミ類（カメムシ目）は分類学的に離れています。そのため多くの場合、セミは除外してバッタ目（直翅目）＝鳴く虫として扱うことが多いです。

バッタ目全体でみると、バッタ亜目は一部の種が音を発するものの多くの種が鳴きません。コオロギ亜目ではカマドウマ上科とそれに近縁なクロギリス、コロギスの仲間は原則として翅を使って鳴く種類がいません。よって、バッタ目全体で鳴く虫というと、コオロギ上科に近縁なグループとキリギリス上科に属する種を指します。本書ではこのような種群を鳴く虫として定義しています。

兜のようなツノがある虫全てがカブトムシではないように、音を出すから「鳴く虫」なのではなく、ある分類群を利便的に総称して鳴く虫という呼び方をしています。

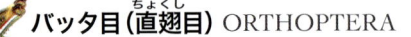

バッタ目（直翅目） ちょくし ORTHOPTERA

　バッタ亜目 CAELIFERA

　コオロギ亜目 ENSIFERA

コオロギ上科 Grylloidea — コオロギグループ／鳴く虫
- **コオロギ科** Gryllidae
- **マツムシ科** Eneopteridae
- **ヒバリモドキ科** Trigonidiidae

カネタタキ上科 Mogoplistoidea
- **カネタタキ科** Mogoplistidae
- **アリヅカコオロギ科** Myrmecophilidae

ケラ上科 Gryllotalpidea
- **ケラ科** Gryllotalpidae

カマドウマ上科 Rhaphidophoroidea — カマドウマグループ
- **カマドウマ科** Rhaphidophoridae

クロギリス上科 Anostostomatoidea
- **クロギリス科** Anostostomatidae

コロギス上科 Stenopelmatoidea
- **コロギス科** Gryllacrididae

キリギリス上科 Tettigonioidea — キリギリスグループ／鳴く虫
- **キリギリス科** Tettigoniidae
- **ササキリモドキ科** Meconematidae
- **クツワムシ科** Mecopodidae
- **ヒラタツユムシ科** Pseudophyllidae
- **ツユムシ科** Phaneropteridae

※人間には聴こえない周波数で鳴く虫やコオロギ上科にも鳴かない種はいる

鳴くしくみ

鳴く虫の仲間で鳴くのは基本的にオスです。オスはメスへ恋のアプローチをするために鳴きますが、その音を出している器官が翅です。オスの翅をよく見ると、畝（うね）状の翅脈が複雑に張り巡らされています。音を出す原理は楽器のバイオリンの構造にとてもよく似ています。

まず、鳴く虫の翅は左右非対称で、一方の翅に棒ヤスリのようにザラザラとしたヤスリ器（バイオリンでいう弦）という器官がついています。対して、もう一方には摩擦器やコスリ器（バイオリンでいう弓）と呼ばれる器官がついています。摩擦器は他の部位よりも多少盛り上がっていて、この摩擦器とヤスリ器を擦り合わせることで振動が生じ、その振動が翅脈を通じて音を増幅させて鳴き声を作り出しています。各種類によって音色が違うのは同種のみを呼び寄せるための言葉のような役割だからです。
※例外的にツユムシ科の仲間の多くはメスも鳴くことが知られており、雌雄それぞれ鳴き方は異なり、それぞれが呼応しながら鳴き合わせる様子が観察されています。

キリギリス科とコオロギ科のオスの翅

下の翅はどちらも裏側から見た（ひっくり返した）状態。鳴く虫の翅は必ず左右非対称になっており、それぞれ役割が異なる。昆虫界全体で左右非対称の翅をもつ種は珍しい。

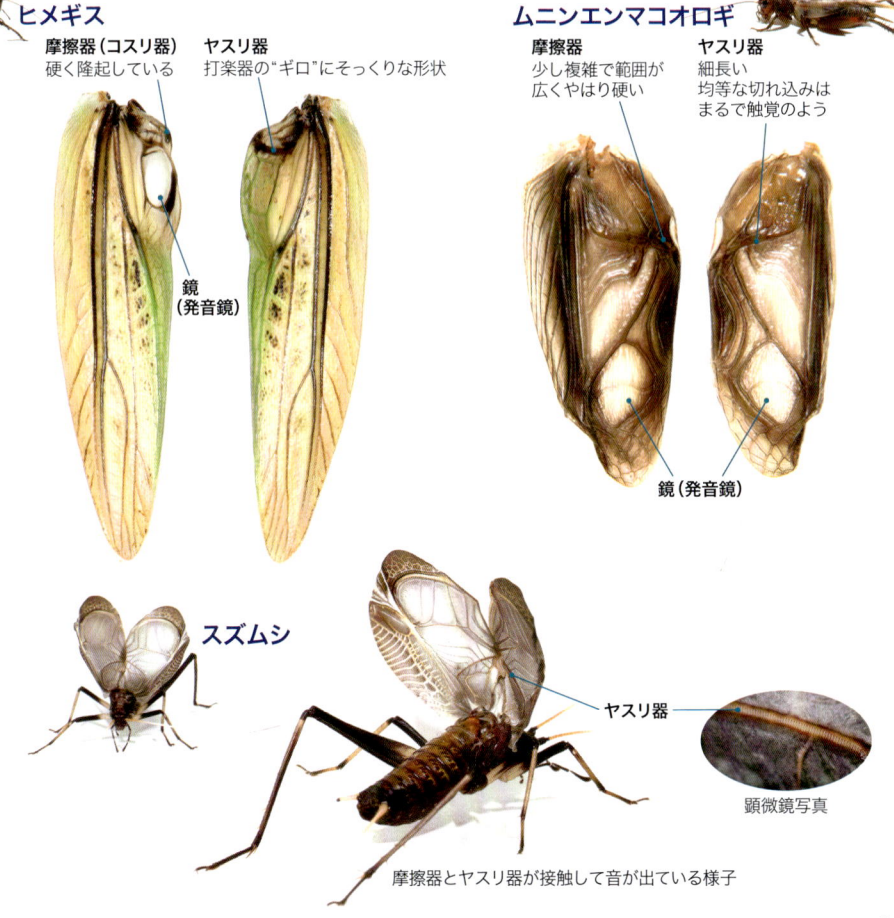

ヒメギス

摩擦器（コスリ器）
硬く隆起している

ヤスリ器
打楽器の"ギロ"にそっくりな形状

鏡
（発音鏡）

ムニンエンマコオロギ

摩擦器
少し複雑で範囲が
広くやはり硬い

ヤスリ器
細長い
均等な切れ込みは
まるで触覚のよう

鏡（発音鏡）

スズムシ

ヤスリ器

顕微鏡写真

摩擦器とヤスリ器が接触して音が出ている様子

鳴く虫のからだ

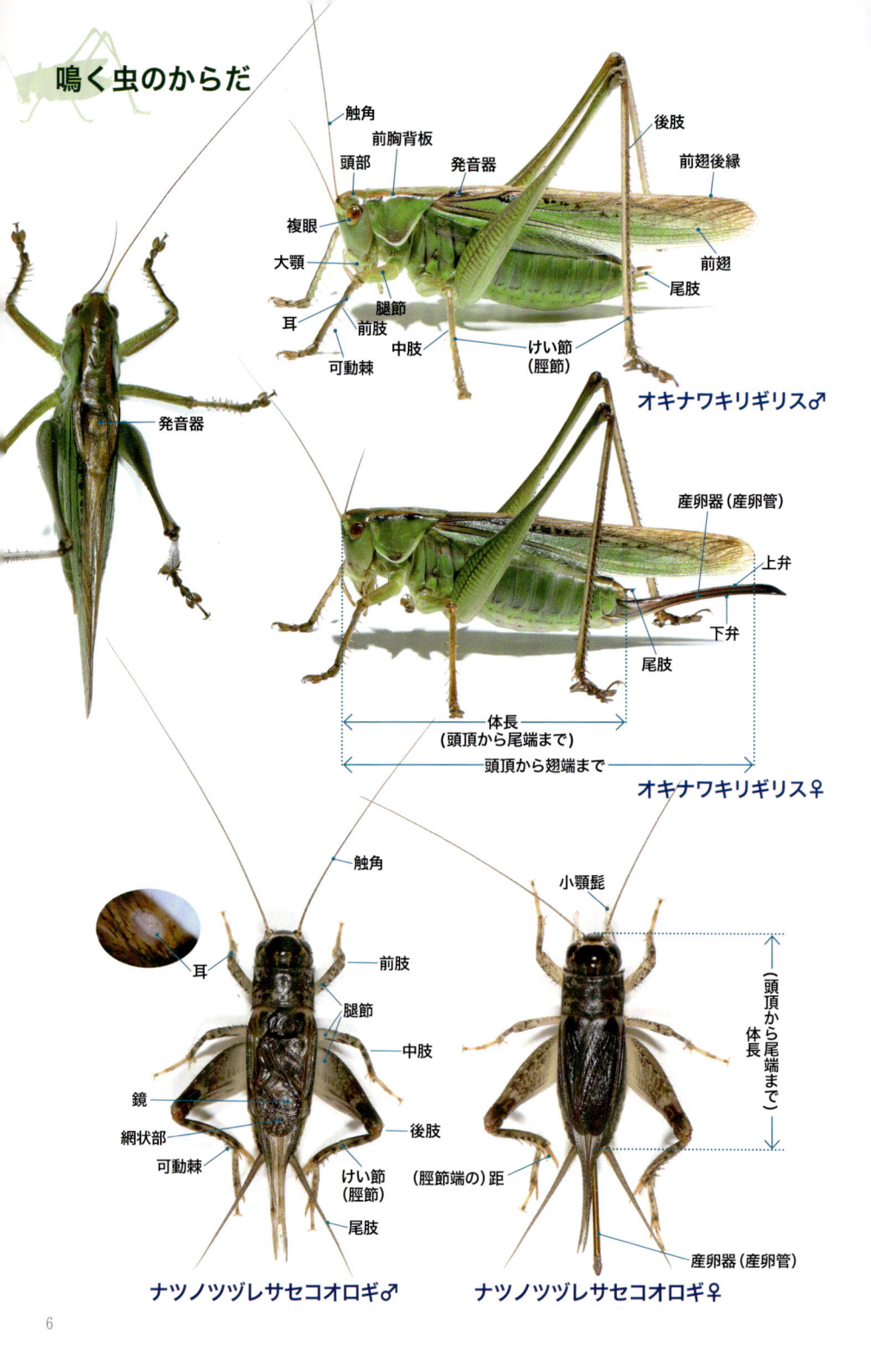

オキナワキリギリス♂

- 触角
- 前胸背板
- 頭部
- 発音器
- 後肢
- 前翅後縁
- 複眼
- 大顎
- 耳
- 前肢
- 腿節
- 中肢
- 可動棘
- けい節（脛節）
- 前翅
- 尾肢
- 発音器

オキナワキリギリス♀

- 産卵器（産卵管）
- 上弁
- 下弁
- 尾肢
- 体長（頭頂から尾端まで）
- 頭頂から翅端まで

ナツノツヅレサセコオロギ♂

- 触角
- 前肢
- 耳
- 腿節
- 中肢
- 鏡
- 網状部
- 可動棘
- 後肢
- けい節（脛節）
- 尾肢

ナツノツヅレサセコオロギ♀

- 小顎髭
- （頭頂から尾端まで）体長
- （脛節端の）距
- 産卵器（産卵管）

鳴く虫の生活史

成虫

9
(終齢)

タイワンエンマコオロギの成長過程

終齢：成虫になる前の最後の
幼虫の段階

8

鳴く虫は脱皮を何度も繰り返しながら成虫へと成長していきます。
その脱皮のタイミングをはじめ、孵化の時期や冬眠のタイミング、脱皮の回数など、その生活史は鳴く虫の種によってまちまちです。

スズムシは初夏に孵化、夏までに7回ほど脱皮をして成虫になり、卵を産みます。冬は卵のまま越冬します。
対して、クロツヤコオロギやナツノツヅレサセコオロギなどは、夏に孵化、秋までにある程度の幼虫まで成長すると、幼虫の状態で越冬します。そして、幼虫は翌年の初夏までに成虫になって卵を産むという生活史です。
このほか、冬眠をせずに1年で何代も代を繰り返す種や成虫で越冬する種もいます。タイワンエンマコオロギ（上写真）は幼虫で越冬し、初夏までに成虫になると、その成虫の子が秋にまた成虫になる、年2回発生の生活史です。
その年の1化目（夏に成虫になる個体）は10回の脱皮で成虫になるに対して、2化目（秋に成虫になる個体）は、幼虫の期間が短いためか9回の脱皮で成虫になる個体がほとんどです。

このように種によって生活史はまちまちですが、『鳴いてメスを誘うのはほとんどの場合でオスだけ』『鳴く時期が夏から秋に集中している』という点は多くの場合共通しています。
昆虫界全体でみると秋に鳴いて繁殖行動を行う習性はとても特異で、この特性こそが現在の鳴く直翅類（鳴く虫）の繁栄につながる有利な戦略だったのかもしれません。

7

6

5

4

3

×5

2

脱皮

オガサワラクビキリギス

シブイロカヤキリ

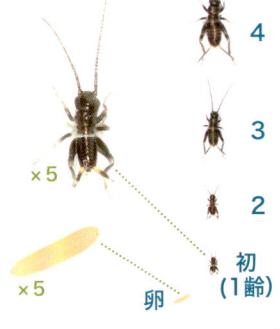

初
(1齢)

×5

卵

原寸大掲載種一覧
コオロギ科

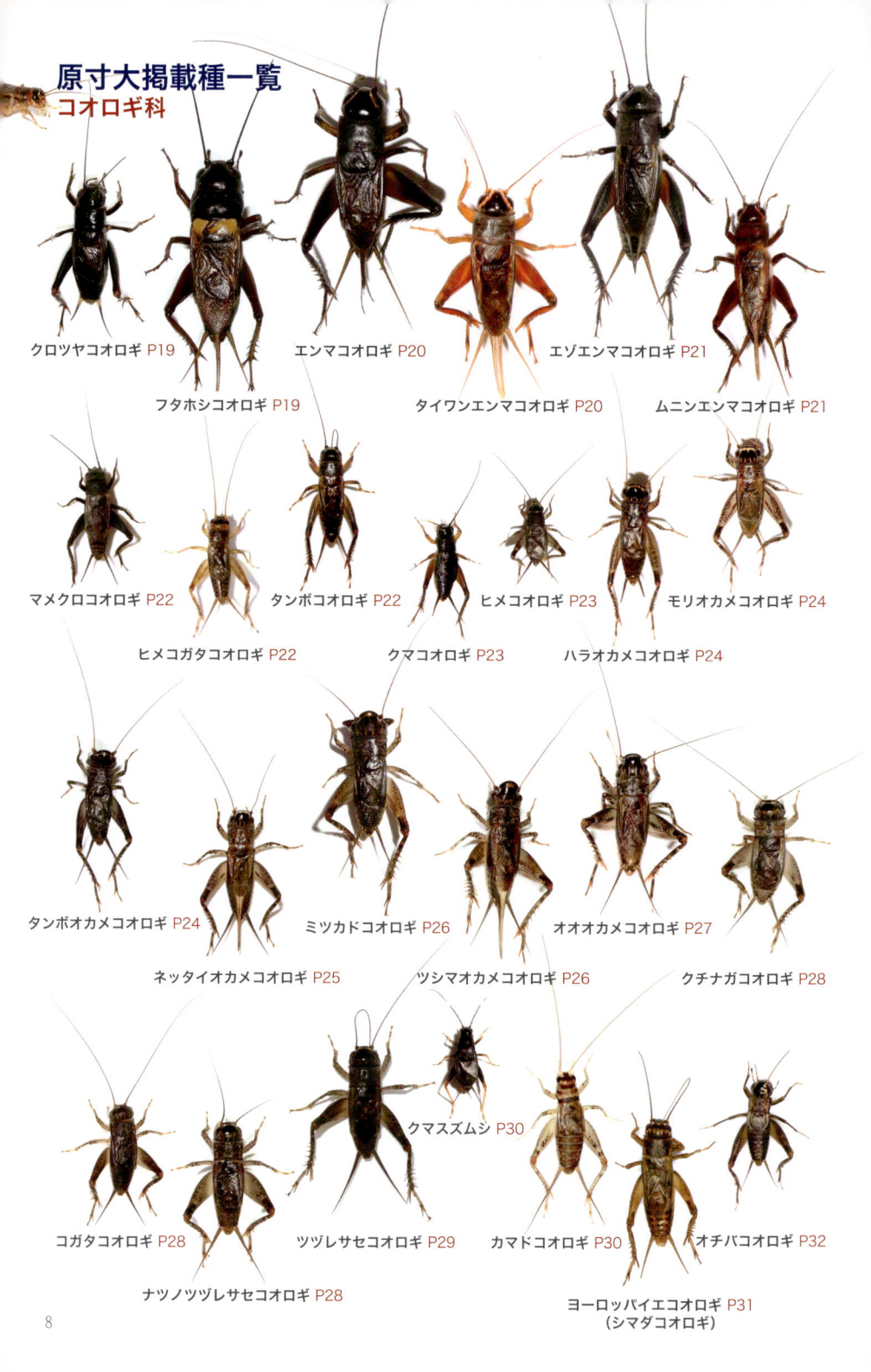

クロツヤコオロギ P19

フタホシコオロギ P19

エンマコオロギ P20

タイワンエンマコオロギ P20

エゾエンマコオロギ P21

ムニンエンマコオロギ P21

マメクロコオロギ P22

ヒメコガタコオロギ P22

タンボコオロギ P22

クマコオロギ P23

ヒメコオロギ P23

ハラオカメコオロギ P24

モリオカメコオロギ P24

タンボオカメコオロギ P24

ネッタイオカメコオロギ P25

ミツカドコオロギ P26

ツシマオカメコオロギ P26

オオオカメコオロギ P27

クチナガコオロギ P28

コガタコオロギ P28

ナツノツヅレサセコオロギ P28

ツヅレサセコオロギ P29

クマスズムシ P30

カマドコオロギ P30

ヨーロッパイエコオロギ P31
（シマダコオロギ）

オチバコオロギ P32

本書掲載種の原寸一覧です。全て生体写真を使用しています。
一部メスも含まれますが、オスを上から見た図で統一しました。
c印はコラムページでの掲載種です。
ヤブキリ、ヤチスズ近似種の一部、コラムページのササキリモドキ類、カマドウマ、クロギリス、
コロギスの仲間は省略しました。

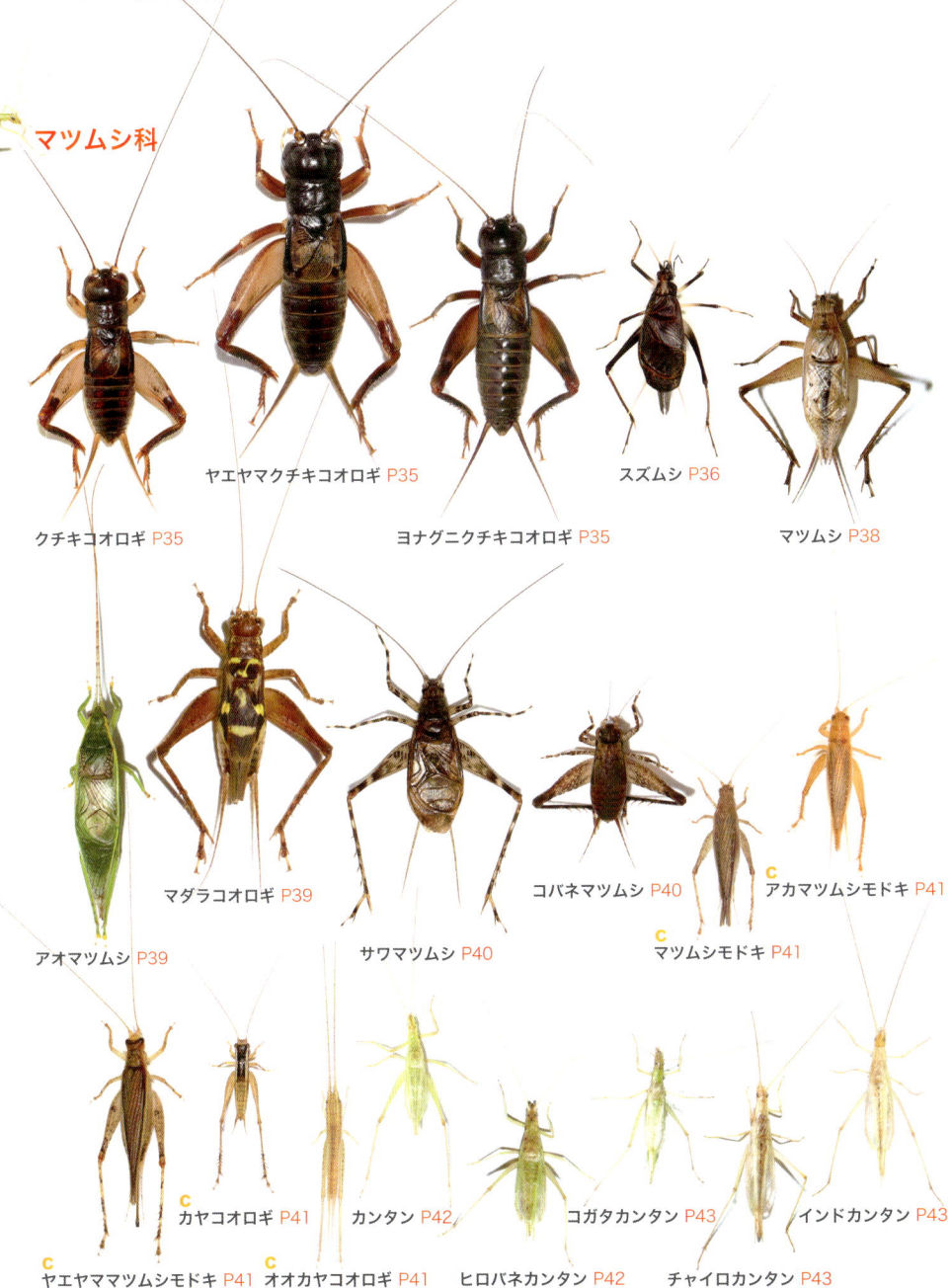

マツムシ科

クチキコオロギ P35

ヤエヤマクチキコオロギ P35

ヨナグニクチキコオロギ P35

スズムシ P36

マツムシ P38

アオマツムシ P39

マダラコオロギ P39

サワマツムシ P40

コバネマツムシ P40

マツムシモドキ P41

アカマツムシモドキ P41

ヤエヤママツムシモドキ P41

カヤコオロギ P41

オオカヤコオロギ P41

カンタン P42

ヒロバネカンタン P42

コガタカンタン P43

チャイロカンタン P43

インドカンタン P43

ヒバリモドキ科

フタイロヒバリ P45　　ヒメスズ P46　　ヤチスズ P47　　キンヒバリ P48

ヤマトヒバリ P45　　リュウキュウチビスズ P46　　エゾスズ P46　　ネッタイヤチスズ P47

セグロキンヒバリ P48　　タイワンカヤヒバリ P49　　ネッタイマダラスズ P50　　ハマスズ P50

カヤヒバリ P48　　クサヒバリ P49　　マダラスズ P50　　カワラスズ P50

ネッタイシバスズ P51　　イソスズ P51　　C キアシヒバリモドキ P52　　C クロヒバリモドキ P52

シバスズ P51　　ヒゲシロスズ P51　　ウスグモスズ P52　　C オキナワヒバリモドキ P52

C マングローブスズ P52

C チャマダラヒバリモドキ P52　　C ハマコオロギ P52　　C ウスモンナギサスズ P52　　C ダイトウウミコオロギ P52

カネタキ科

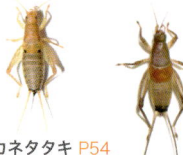

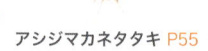

イソカネタタキ P54　　ヒルギカネタタキ P55　　アシジマカネタタキ P55

カネタタキ P54　　リュウキュウカネタタキ P54　　フトアシジマカネタタキ P55　　オチバカネタタキ P55

ケラ科

ケラ P56

キリギリス科

ヤブキリ P58

C イブキヤブキリ P60

ヤマヤブキリ P60

C ツシマヒメヤブキリ P61
（ウスリーヤブキリ）

C ツシマコズエヤブキリ P61

C アマギコズエヤブキリ P61

ヒガシキリギリス P62

ニシキリギリス P64

ミナミキリギリス P65

ツシマキリギリス P65

ハネナガキリギリス P66

オキナワキリギリス P66

11

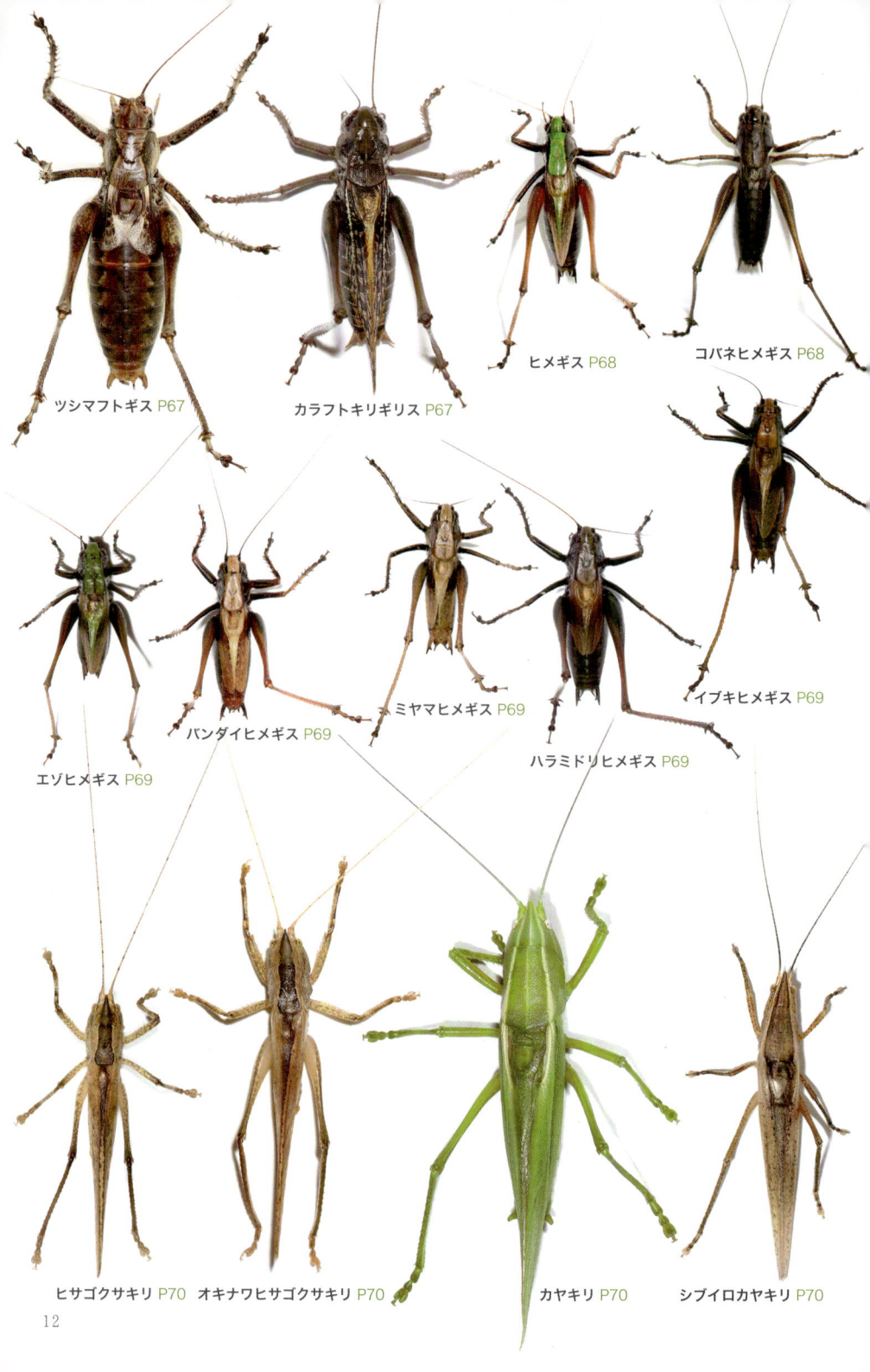

ツシマフトギス P67

カラフトキリギリス P67

ヒメギス P68

コバネヒメギス P68

エゾヒメギス P69

バンダイヒメギス P69

ミヤマヒメギス P69

ハラミドリヒメギス P69

イブキヒメギス P69

ヒサゴクサキリ P70　オキナワヒサゴクサキリ P70

カヤキリ P70

シブイロカヤキリ P70

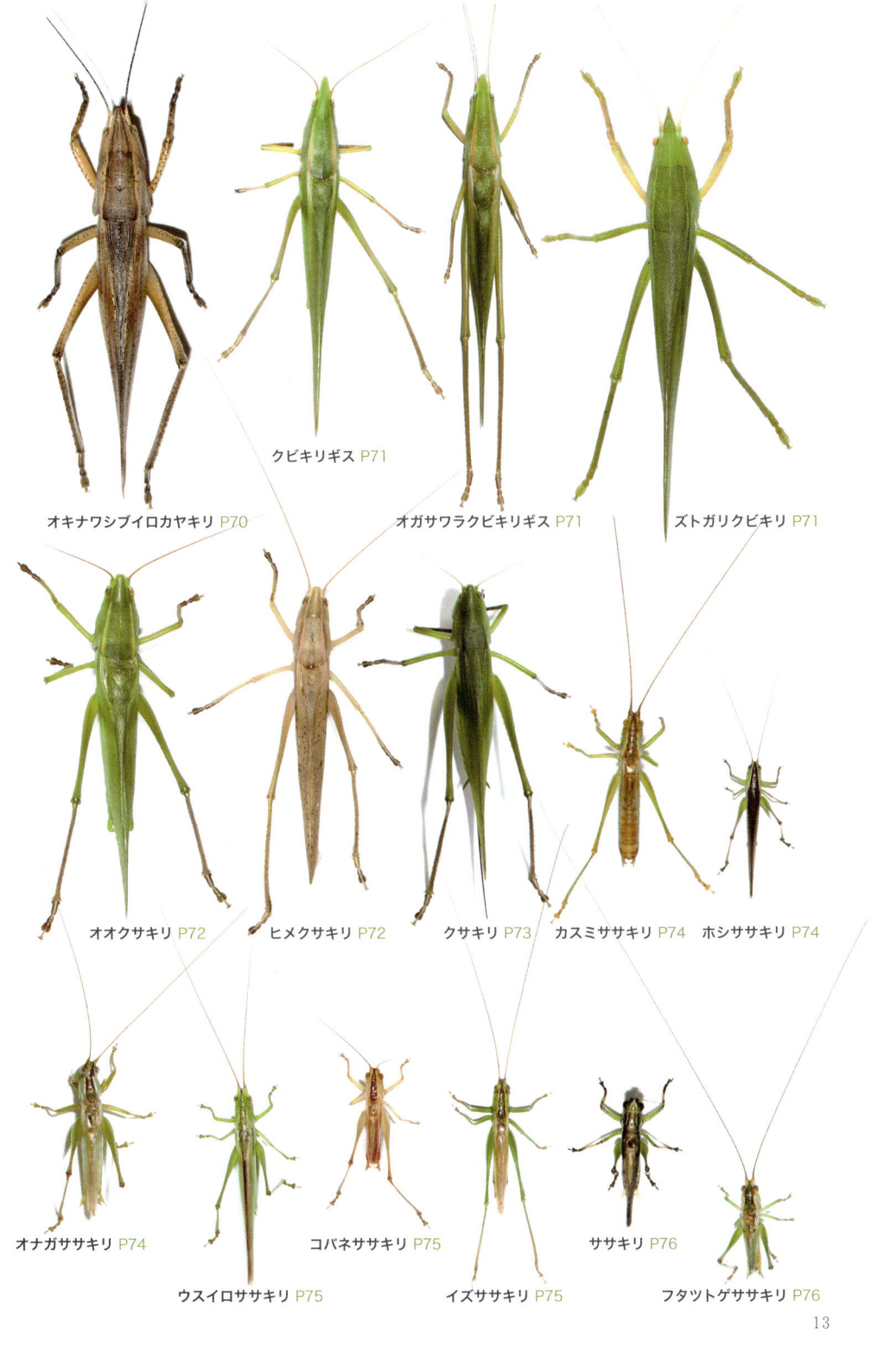

クビキリギス P71

オキナワシブイロカヤキリ P70

オガサワラクビキリギス P71

ズトガリクビキリ P71

オオクサキリ P72

ヒメクサキリ P72

クサキリ P73

カスミササキリ P74

ホシササキリ P74

オナガササキリ P74

ウスイロササキリ P75

コバネササキリ P75

イズササキリ P75

ササキリ P76

フタツトゲササキリ P76

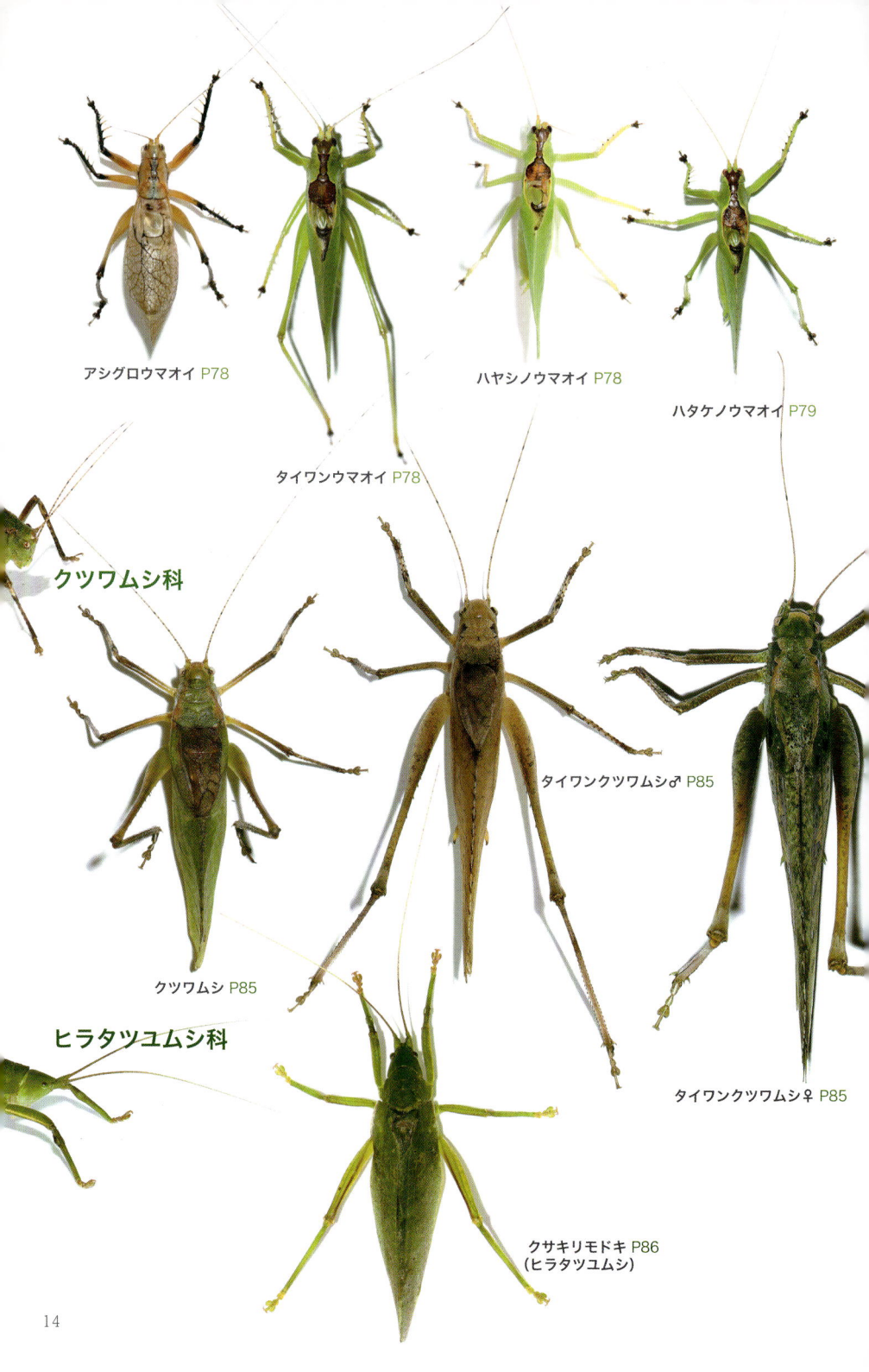

アシグロウマオイ P78

ハヤシノウマオイ P78

ハタケノウマオイ P79

タイワンウマオイ P78

クツワムシ科

タイワンクツワムシ♂ P85

クツワムシ P85

ヒラタツユムシ科

タイワンクツワムシ♀ P85

クサキリモドキ P86
（ヒラタツユムシ）

ツユムシ科

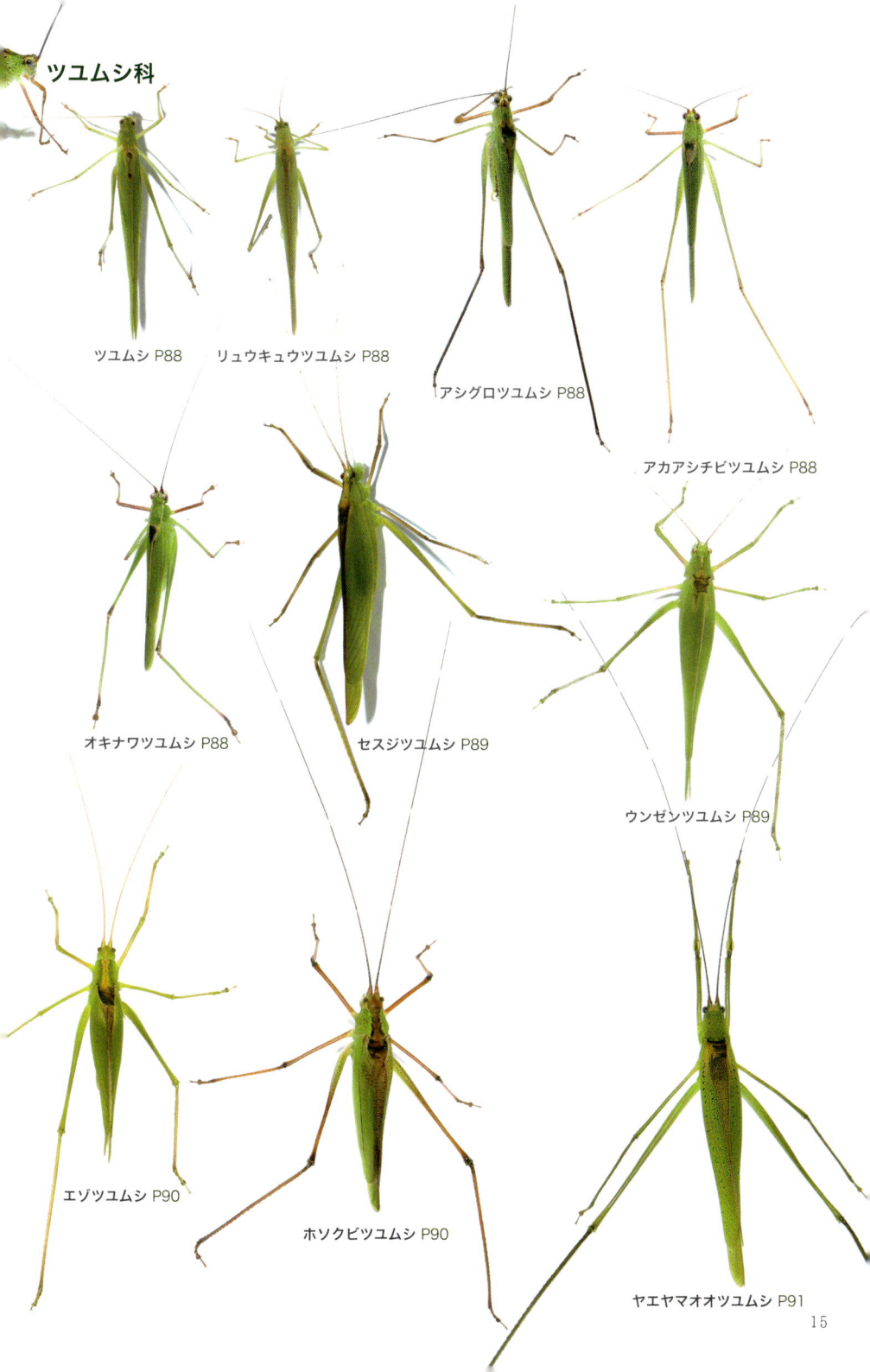

ツユムシ P88

リュウキュウツユムシ P88

アシグロツユムシ P88

アカアシチビツユムシ P88

オキナワツユムシ P88

セスジツユムシ P89

ウンゼンツユムシ P89

エゾツユムシ P90

ホソクビツユムシ P90

ヤエヤマオオツユムシ P91

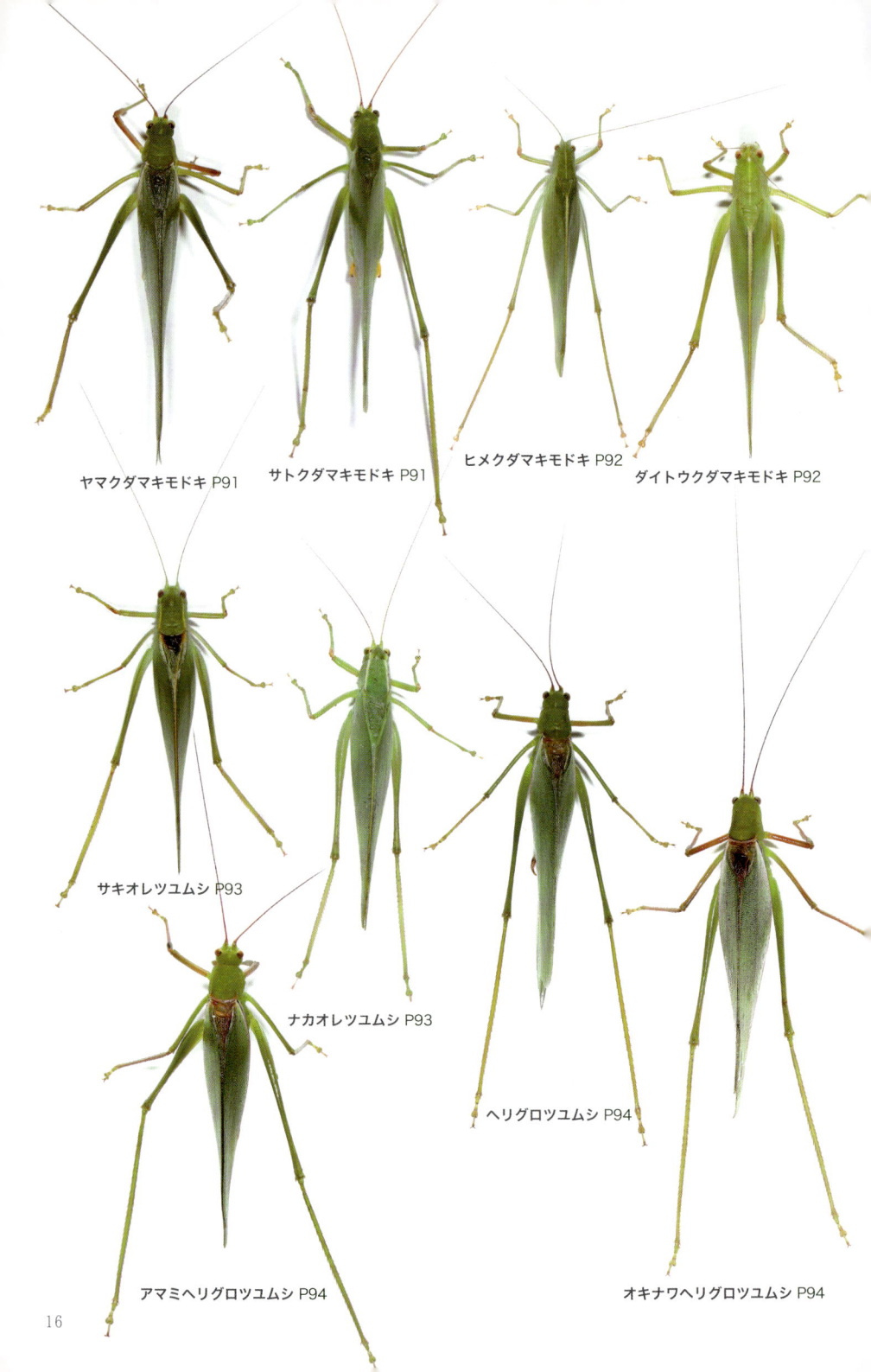

ヤマクダマキモドキ P91

サトクダマキモドキ P91

ヒメクダマキモドキ P92

ダイトウクダマキモドキ P92

サキオレツユムシ P93

ナカオレツユムシ P93

ヘリグロツユムシ P94

アマミヘリグロツユムシ P94

オキナワヘリグロツユムシ P94

本書の使い方

図鑑ページでは、鳴く虫本来の躍動感が伝わるよう全て生きた元気な個体を撮影しています（それゆえポーズに統一性がありません）。また、無機質な情報ばかりにならないよう全ての種を一度は自身で採集し、そのほとんどの種を繁殖させながら飼育観察を行いました。その経験から得た、種毎の微妙な性質や特性など感覚的な情報も少しでも伝わればと思い、文章中に積極的に取入れております。解説の中に「〜な気がする」「〜かもしれない」など曖昧な表現はあるのはそいうった思いの表れとご理解下さい。

●分布マップ

『バッタ・コオロギ・キリギリス大図鑑』にある都道府県別分布リストと著者の情報とを合わせ、地図表記しました。なるべく精度を高めるよう心がけましたが、原則として都道府県単位なので、例えば、北海道の一部に分布する種でも北海道全体に色をつけている場合があります。

南西諸島

屋久島
種子島
久米島　伊平屋島　徳之島
トカラ列島
慶良間諸島　伊江島　奄美大島
与那国島　伊良部島
沖永良部島
沖縄本島
西表島　石垣島　宮古島

日本全国

奄美大島
徳之島
沖縄本島
西表島　宮古島
石垣島
対馬
屋久島　小笠原諸島　伊豆諸島

●科名

『科』レベルで分けて色別に表示しました。種の配列は大まかに分類順を基本としていますが、適宜使用の便を優先しています。

●和名、学名

和名と学名の表記は原則として『日本産直翅類標準図鑑』に準拠しています。

♪実際の声や録音された音声を聴いた上で、一般的なカタカナ表記を参考にしつつ著者なりの聴こえ方を表しました。

珍しさ　その種の珍しさを★の数で表しました

★　　　普通種でどこにでもいる
★★　　普通種で見かける機会は多い
★★★　ぎりぎり普通もしくは少々珍しい
★★★★　珍しい
★★★★★　かなり珍しい

大まかに上記の5段階で表しましたが、悩ましいものは⭐も交え評価しています。また、産地における個体数の多さや密度、生息地の規模や生息環境の特殊性、見つけやすさなどを踏まえ、著者が独断と偏見で評価したものです（私が入手するのに苦労した度合い、過去に入手した数と、世間評価も多少加味した感じです）

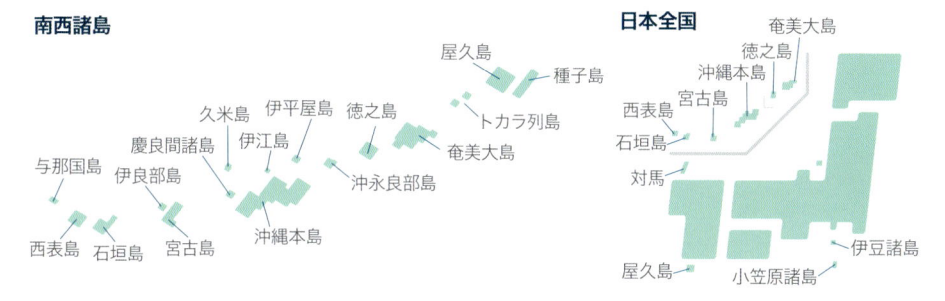

カスミササキリ ★★★★★
Orchelimum kasumigaurense

♪とても小さい声でシリリリリリ・・・・と鳴く
野外ではよほど意識しないと聴き取れないほど

🐝 20〜24mm
🌱 河原のアシ原
🔴 アシ類の茎
📅 7月下旬〜9月

自然度の高い限られたアシ原のみに見られ非常に珍しい種。日本産のササキリ類で最大種。風格があり美しい。

飼 B-4 ちょっと難しい感がある。幼虫は比較的なんでも食べ、ある程度の肉食性もある。成虫はアシ類の穂ばかりを食べるようになる。

♂褐色型　宮城県産
翅は短くかなりゴツい体格

♂緑色型　宮城県産

♀宮城県産
産卵管は大きくカーブする

🐝 成虫の大きさの目安（mm）
『日本産直翅類標準図鑑』を参考に著者の記録を補足しています。

🌱 著者の経験からみた、その種が好む生息場所。

🔴 その種が主に産卵する場所。

📅 一般的に見かける地域で鳴き声を聴けるおおまかな時期（地域差その年の気候により多少前後することも）。

●写真

生きた個体の写真のみを掲載。野生個体の子までは親の産地をそのまま表記しています。それ以上の累代個体は野生時の産地を記した上で（累）と付け加えました。表記のないものは全て成虫です。

飼 鳴く虫の飼い方（P124〜）で紹介する飼育の中から適したもの記号で表し、その他、癖や食性などその種類を飼育する上で特筆すべき点を付け加えました。

コオロギ科
Gryllidae

ヒメコオロギのような小型種もいるが、基本的に中型から
大型の種が多く、黒っぽい色彩で地面を這うような扁平体
型をしており、全体的に似たり寄ったりな印象。
多くの種は発達した発音器がありよく鳴く。
世界には 3000 種ほどが知られている。
日本からは 33 種ないしは 34 種。
中でもよく鳴く種を中心に 26 種を紹介する。

写真　上からツヅレサセコオロギ♀ ハネナシコオロギ♂ ツシマオカメコオロギ♂ タイワンエンマコオロギ♂

クロツヤコオロギ ★★★★

Phonarellus ritsemae

♂ 愛知県産

♂ 愛知県産

雌雄共に真っ黒でツヤがある

♀ 愛知県産

図鑑 ★ コオロギ科

♪ チキチキチキチキチキチキチキとやや大きめの音量でせわしなく鳴く　なかなか良い

- 🔵 18 〜 27mm
- 🟢 粘度の高い土質の日のあたる斜面
- 🟠 生息地の土中
- 🔴 5月下旬〜7月
　年によっては秋に少数が鳴くことも

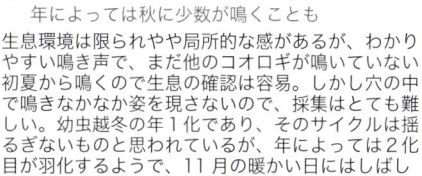

生息環境は限られやや局所的な感があるが、わかりやすい鳴き声で、まだ他のコオロギが鳴いていない初夏から鳴くので生息の確認は容易。しかし穴の中で鳴きなかなか姿を現さないので、採集はとても難しい。幼虫越冬の年1化であり、そのサイクルは揺るぎないものと思われているが、年によっては2化目が羽化するようで、11月の暖かい日にはしばしば鳴き声を聴くことができる。

飼 P2 飼育下でも穴を掘って、1匹1部屋で生活するのでスペースにはかなりのゆとりを持たせる。過密でも育つには育つが、小競り合いが絶えずほとんどの個体は触角が短くなる。基本的に穴からあまり出てこないがとても丈夫。

巣穴の出口から様子をうかがうオス（5月愛知県産）

フタホシコオロギ ★★★

Gryllus bimaculatus

♂ 宮古島産

野生個体は黒くて渋い

♪ ピリリリッ・ピリリリッととても響く大きな音で単調に鳴く　室内で聴くにはちょっと鋭すぎる

- 🔵 28 〜 36mm
- 🟢 耕作地や空き地などやや乾き気味の開けた草地
- 🟠 生息地の土中
- 🔴 ほぼ1年中

殖えやすく丈夫であるため古くから実験動物として飼われていたが、1980年代から爬虫類等の餌用に流通するようになり、よく知られたコオロギのひとつとなった。知名度の割に捕まえるのは難しく、先島地方以外ではなかなか見つからない結構珍しいコオロギといえる。

飼 P1 J1 丈夫で飼いやすく、室内だと1年中殖えてしまう。ペットの餌用に養殖されているだけにとても殖えやすい。

♀ 宮古島産

餌用に殖やされている個体　小振りで色は明るい ♂

♂ 中国広東省産

日本産とは雰囲気が異なる

中国では鳴き声を楽しむための観賞用に売られることがあり、細かく産地やタイプ別で販売されている
写真の個体は中国南部の広東省産の個体として売られていた

エンマコオロギ ★
Teleogryllus emma

♪ コロリーコロコロリーとしっかりした
メロディーで美しい声で鳴く

🔵体 25 〜 35mm
🟢生 耕作地や土手などさまざまな草地
🔴産 生息地の土中
🟠期 7 月下旬〜 10 月下旬

ツヅレサセ、オカメと並び最も良く見るコオロギの
ひとつなので聴き慣れた声であると思う。基本的に
大型で、特徴的な眉模様が閻魔様のごとく恐ろしげ
があることが名前の由来。
色合いやサイズに個体差があり、特に寒冷地や山地
ではかなり黒っぽい小型な個体が見られることがあ
り、これを『山地型』と呼び分けることがある。
飼 P1 なるべく少なく、少数で飼うのがコツ。
飼育下ではやや短命か。交尾をさせない単体飼育で
は長生きするが、多頭飼い、特に過密状態では長期
飼育が難しい感がある。

♂ 東京都産

美声に似合わず恐ろしげな顔

♂ 東京都産

山地型
黒くて小さくエゾエンマとよく似る

♀ 神奈川県産

幼虫は亜終齢くらいまで腹部の白い帯がよく目立つ
（7月神奈川県）

タイワンエンマコオロギ
南西諸島 ★★
本土 ★★★
Teleogryllus occipitalis

♪ ピリー・ピリー・ピリーと単調だが可愛らしい
声で鳴く

🔵体 24 〜 32mm
🟢生 耕作地や土手など開けた環境
🔴産 生息地の土中
🟠期 本土では初夏に鳴き、場合によっては秋に 2 化
　　　目が鳴く　南西諸島では 1 年中

無印エンマに似るが、顔の眉模様は太い。また声も
全然違う。本州では分布が限られちょっと珍しい印
象があるが、南西諸島ではきわめて普通で耕作地な
ど開けた草地で最も多いコオロギのひとつ。本州産
はやや大型で色が濃く、よりエンマに似た印象があ
るが、南西諸島では気持ち小ぶりで色は薄め。
飼 P1 J1 丈夫で飼いやすく、室内だと 1 年中殖え
てしまう。越冬させないと成長はかなりばらつく。
関東以南ならなんとか野外で幼虫越冬が可能なの
で、思い切って野外で管理するのも手。

♂ 久米島産

かなり茶色っぽい個体もいるが
無印エンマより薄いことが多い

♀ 久米島産

黒っぽい個体
本州にはエンマとよく似た個体もいるが
多くの場合は鳴く時期が重ならない

♂ 愛媛県産

サトウキビ畑など、乾いた畑の境界に多い（7月久米島）

エゾエンマコオロギ

Teleogryllus yezoemma

本州 ★★★★
北海道 ★★★

♪タイワンエンマと似たテイストだがより単調で
リーリーリーと少し寂しげに鳴く

- 体 17〜21mm
- 生 北海道では耕作地などにもいること
  もあるが、本州では河原
- 産 生息地の土中
- 期 8月〜10月

基亜種

2亜種からなり、北海道産の基亜種エゾエンマに対して、本州産の亜種はカワラエンマコオロギという和名が与えられている。北海道では道北、道東では比較的普通に見られるようだが、道央辺りでは無印エンマばかりであまり見かけない。
本州産は基本的に自然度の高い河原の石がごろごろした環境にいるが、かなり局所的で闇雲に探しても見つかるようなものではない。
エンマコオロギとは酷似しており、特に北海道産のエンマは小柄で黒っぽい個体が多いので、非常に紛らわしい。

飼 P1 P3 無印エンマと同じく過密飼育は調子を崩すのでゆとりを持たせると良い。無印よりは丈夫な印象。

北海道産基亜種エゾエンマコオロギ

やや小振りな傾向でかなり黒い
♂ 道南産

産卵管は長い
♀ 道南産

本州亜種カワラエンマコオロギ

♂ 石川県産
基亜種よりやや大型か

♀ 石川県産

エンマと酷似する
眉が小さく顔がかなり黒っぽいことが特徴とされるが、悩ましい個体も多く、声で判断するのが確実

ムニンエンマコオロギ ★★★★☆

Teleogryllus boninensis

♪他のエンマ類とテイストは近く、リー・リーー・リー・リーーとエンマよりは単調だがエゾエンマより力強くリズミカルに鳴く

- 体 21〜23mm
- 生 耕作地など丈の低い草地
- 産 生息地の土中
- 期 1年中

昆虫展示施設や愛好家の間で累代維持していることが多いので種としては珍しくないが、野生下では激減しており楽観視はできない状態らしい。

飼 P1 J1 非常に丈夫。もしかしたら今までに飼った国産のコオロギ類で一番丈夫かも。多化性で止めどなく殖えてしまうので計画的に飼育しないと大変なことに。

♂（累）
母島産

ツヤがありぼんやりした色合い

♀（累）
母島産

薄い色の個体
色の濃淡は個体により様々

♀（累）
母島産

産卵管は短い

マメクロコオロギ ★★★

Melanogryllus bilineatus

♂ 石垣島産

真っ黒でツヤが弱く似た種類は他にいない

♂ 石垣島産

長翅型

♪ピリリッ・ピリリッ単調に繰り返し鳴く
タイワンエンマと似た感じだがやや高音か

- 体 10〜16mm
- 生 石灰岩地の耕作地や草地など
- 産 生息地の土中
- 期 ほぼ1年中

局所的というほどではないが、ちょっと見つけづらく平地の石灰岩地以外ではあまり見かけない。しかし生息地ではそれほど少なくない。

飼 P1 P3 多化性で丈夫で飼いやすくよく殖えるが、過密状態では調子を崩しやすい感がある。

♀ 石垣島産

長翅型

ヒメコガタコオロギ ★★

Modicogryllus consobrinus

♂ 西表島産

全体的に色は薄く前翅は短め

♀ 西表島産

ぱっと見タヌキ顔なのは本種の特徴のひとつ

♪それほど大きくない音量でチー・チー・チーと
やや濁り気味の声で繰り返し鳴く
人によってはビー・ビー・ビーと聴こえる

- 体 11〜15mm
- 生 畑や荒れ地などさまざまな草地
- 産 生息地の土中
- 期 ほぼ1年中

南西諸島の畑など乾き気味の草地でよく見る。タンボコオロギと分布が重なることがあり紛らわしいこともある。

飼 P1 多化性で丈夫で飼いやすくよく殖え、他種との混生もできる。

長翅型

♀ 西表島産

タンボコオロギ ★★☆

Modicogryllus siamensis

♂ 西表島産

♀ 西表島産

長翅型はよく飛び、灯火でも得られる

♪やや中程度の音量でジャッ・ジャッ・ジャッ、
またはヂッ・ヂッ・ヂッとカエルのような声質
とテンポで鳴く

- 体 13〜17mm
- 生 おもに平地の田んぼの畦道や湿地
- 産 生息地の土中
- 期 本州では初夏に鳴くのが普通だが温暖な地域では秋にも多少鳴く　南西諸島ではほぼ1年中

初夏を代表するコオロギで、本州の生息地では5月ごろから鳴き声が聴ける。

飼 P1 P2 とても丈夫で飼いやすいが、野生では幼虫越冬する種なので加温飼育下では繁殖個体は成長の速度にばらつきがでる。

♂成

全体的にかなり黒っぽく、イチモンジコオロギの別名があるように額には一文字が目立つ（5月千葉県）

クマコオロギ ★★★

Mitius minor

♂埼玉県産

雌雄共に全体的にツヤがあり肢は飴色をしていて美しい

♀埼玉県産

♂
飼育下で産まれたアルビノ個体

♪ヂルッ・ヂルッ・チリリッと小さめの音量で
可愛らしく鳴く

体 11 ～ 13mm
生 田んぼの畦や小川の周辺などやや
　湿った草地
産 生息地の土中
期 7 月～ 10 月

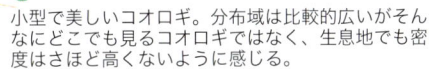

小型で美しいコオロギ。分布域は比較的広いがそんなにどこでも見るコオロギではなく、生息地でも密度はさほど高くないように感じる。

飼 P2 野生では卵越冬の年 1 化。飼育下で保温管理していると、日数にはらつきは出るが越冬させてなくとも孵化する。
床材は粘度の高い土よりもピートのようなものを好む。

♂亜終齢

幼虫は終齢まで一貫して真っ黒
頭部のみツヤがある

ヒメコオロギ ★★★

Comidogryllus nipponensis

♂栃木県産

非常に小型だがしっかりコオロギの体型をしている

♪ちょっと濁った感じにルーーーーと、か細く
やや寂しげに鳴く　単調だが好き

体 9 ～ 10mm
生 丈の深い草原、林縁や山道の深い薮
産 生息地の土中
期 8 月～ 10 月

非常に小型な種。深い薮の中の地面に穴を掘って生活しているので狙って採集するのが難しい。生息地がわかれば『追い出し法（P109）』で飛び出す個体もいる。また最盛期の夜間なら隣接する舗装道路を歩いている個体がいるのでそれを狙うのもよい。

飼 P2 水苔とピートを半々くらいで敷き分けると良さそう。飼育下では土中よりも水苔の方がよく産む。そもそも産卵数があまり多くなさそうだし、幼虫も共食いの頻度がやや高い感があり、大量の次世代を得るにはマメな管理を要する。

♀栃木県産

ほとんど使われないが『ヤブコオロギ』の別名もある

♀亜終齢

幼虫はシマシマで特徴的

ハラオカメコオロギ ★

Loxoblemmus campestris

図鑑　コオロギ科

埼玉県産

オスは阿亀（おかめ）のように変わった顔をしている

♀ 埼玉県産

♪ ミツカドコオロギに似た感じでリッリッリッリッツと鋭く早いテンポで5～6声続けて鳴くが音量はやや低くマイルド

- 体 12～15㎜
- 生 明るい草地や荒れ地
- 産 生息地の土中
- 期 7月中旬～11月上旬

最も目にする機会の多いコオロギのひとつ。秋になればどこにでもいて、鳴いている期間も長い。モリオカメとは混生することもあるが、本種はやや開けた環境を好む。

飼 P1 丈夫で飼いやすく他種のコオロギとも混生飼育ができる。

明るい草地に普通（8月埼玉県）

モリオカメコオロギ ★

Loxoblemmus sylvestris

やはりオスは阿亀顔

♂ 島根県産

♀ 東京都産

雌雄ともにハラオカメよりやや色が濃いことが多い

♪ ハラオカメとは似ているがリー・リッ・リッ・リッ・リッと5～6声続けて鳴き、1声目が間延びし全体的なテンポはやや遅い

- 体 12～16㎜
- 生 林縁や森、その周辺の草地など
- 産 生息地の土中
- 期 7月中旬～11月上旬

ハラオカメとともに最もよく見るコオロギのひとつ。ハラオカメと比較するとやや薄暗い環境を好むが混生する場合も多くややこしい。

飼 P1 丈夫で飼いやすく、他種のコオロギとも混生飼育ができる。

このページのオカメコオロギ4種は皆共通して（阿亀）オカメ顔をしている

タンボオカメコオロギ ★★♪

Loxoblemmus aomoriensis

♂ 山形県産

雌雄ともに色合いは黒っぽい傾向にある

♪ 他のオカメ達と似た声質だがテンポは遅くリー・リー・リーとゆっくり鳴く（可愛い）

- 体 12～16㎜
- 生 田んぼや湿地周辺の草地など
- 産 生息地の土中
- 期 7月中旬～10月下旬

寒冷地に多くやや山手な印象があり、少なくとも関東以南では珍しい。北日本へ行くほど普通で、北海道では市街地にもいるらしい。

飼 P1 P5 丈夫で飼いやすく他種のコオロギとも混生飼育ができる。

♀ 山形県産

ネッタイオカメコオロギ ⭐

Loxoblemmus equestris

♂ 西表島産

モリオカメより若干色
合いは薄い傾向にある

♀ 西表島産

産卵管は他種より短い

♀ 長翅型
西表島産

長翅型は雌雄共によく見かける

♪ モリオカメとはとても似た声で、リー・リッ・
リッ・リッ・リッと、5〜6声続けて鳴くが、
モリオカメよりほんの少し声がクリア

体 12〜15mm
生 林縁や森、その周辺の草地など
産 生息地の土中
期 ほぼ1年中見られるが秋は特に多い

南西諸島では最も良く見かけるコオロギのひとつ。
灯りに来ることもよくあり見かける機会は特に多
い。オスはモリオカメとは酷似し、外見からの判別
は困難だが生息地は重ならない。
飼 P1 丈夫で飼いやすく他種のコオロギとも混生
飼育が可能。多化性なので注意しないと殖えすぎる。

耕作地などどこにでもいる（9月久米島）

column
オカメ4種の見分け方

日本にはよく似たオカメコオロギの仲間が4種います。
一部、分布が重ならないものもありますが、分布が重なる種では慣れないと見分けは難しく、いや、慣れていても間違えるほど。
見分けるポイントはいくつかありますが、どれもひとつでは決定打になりづらいので複合的に判断すると良いでしょう。
それでもかろうじて断言できるのはオスの場合に限り、メス単体では同定はかなり難しいので、一緒に捕れたオスの同定
結果も参考に判断します。

ハラオカメコオロギ
北海道と沖縄を除く日本全国の明るい草地で最も普通。体色は
薄い傾向。特に腹板は白っぽいことが多い。
声は鋭くせわしない（テンポが早い）。
初齢幼虫は触角が真っ黒で他種とは一目瞭然。

初齢

前翅先端部は短く丸い

モリオカメコオロギ
北海道・南西諸島を除く日本全国の林縁や林内の地表に普通。
寒冷地ではやや少ないか。体色はハラオカメよりはやや濃い傾
向にあり、腹板はやや茶色っぽい。
声は1声目が長くややスロー。
初齢幼虫のみ触角に白い部分がある。

初齢

前翅先端部は明らかにハラオカメ
より長く三角形に近い形になる

タンボオカメコオロギ
関東以南では結構珍しい。北日本・北海道で普通。体色は他種
より明らかに濃い。腹板も赤黒い色をしていることが多い。
声は一番スローテンポ。
初齢幼虫のみ触角に白い部分があり、全体的に黒っぽい。

初齢

前翅先端部は短く丸く
ハラオカメに似る

ネッタイオカメコオロギ
基本的にトカラ以南の南西諸島のみに分布するとされる。他種
と分布域が重ならないので採集地で判別してよさそうだが、東
京竹芝桟橋や九州南端沿岸でも見つかっているので場所によっ
ては注意が必要。
鳴き声、形態はモリオカメと酷似しており区別は困難だが、唯
一の多化性であり生息地では1年中成虫がいる。
メスの産卵管は他3種より、わずかだが明らかに短い。

初齢

前翅先端部はモリオカメ
よりやや丸い傾向

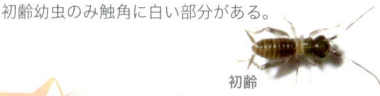

ミツカドコオロギ ★★
Loxoblemmus doenitzi

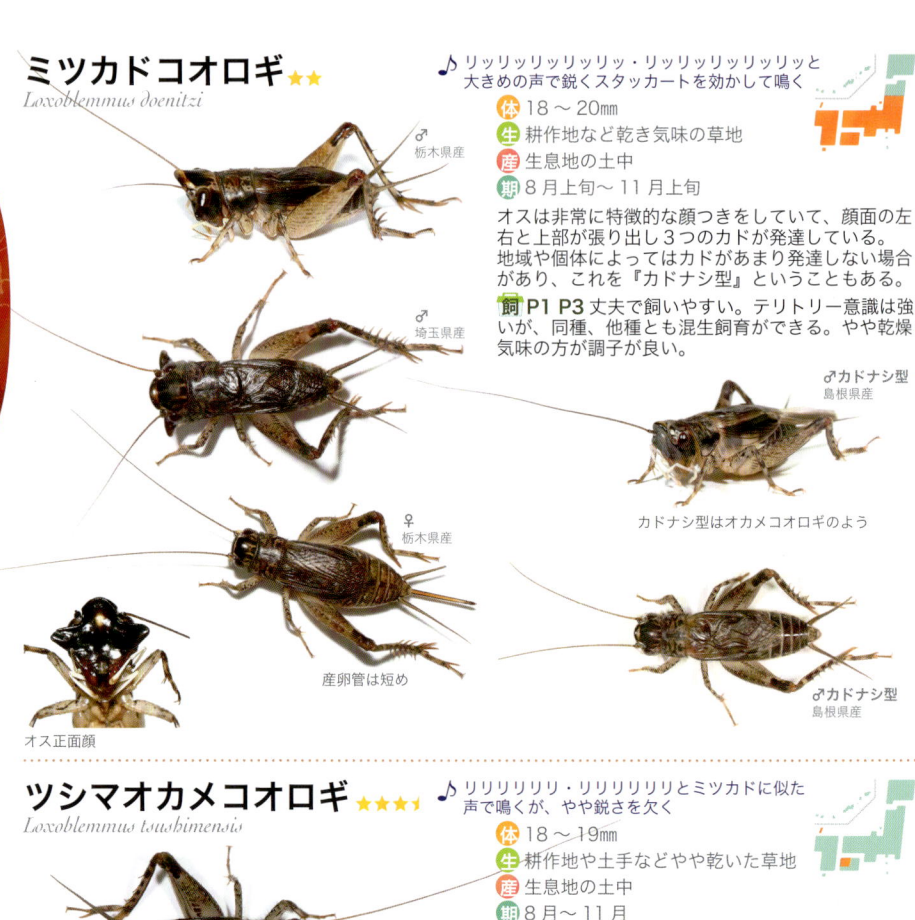

♪ リッリッリッリッリッ・リッリッリッリッリッと
大きめの声で鋭く鳴くスタッカートを効かせて鳴く

🔵 体 18〜20mm
🟢 生 耕作地など乾き気味の草地
🔴 産 生息地の土中
🟠 期 8月上旬〜11月上旬

オスは非常に特徴的な顔つきをしていて、顔面の左右と上部が張り出し3つのカドが発達している。地域や個体によってはカドがあまり発達しない場合があり、これを『カドナシ型』ということもある。

飼 P1 P3 丈夫で飼いやすい。テリトリー意識は強いが、同種、他種とも混生飼育ができる。やや乾燥気味の方が調子が良い。

♂栃木県産

♂埼玉県産

♂カドナシ型
島根県産

カドナシ型はオカメコオロギのよう

♀栃木県産

産卵管は短め

♂カドナシ型
島根県産

オス正面顔

ツシマオカメコオロギ ★★★
Loxoblemmus tsushimensis

♪ リリリリリリ・リリリリリリとミツカドに似た
声で鳴くが、やや鋭さを欠く

🔵 体 18〜19mm
🟢 生 耕作地や土手などやや乾いた草地
🔴 産 生息地の土中
🟠 期 8月〜11月

生息地では比較的普通に見られるようだが、珍しいイメージがある。ミツカドの変異種とか、カドナシ型の誤認など存在が疑問視されることもあるが、正真正銘の独立種。ミツカドほど闘争心が強くなく穏やかな性格をしている。

飼 P1 P3 丈夫で飼いやすく、あまり肉食性を感じないので混生もしやすい。

♂長翅型
対馬産

同等サイズのミツカドより気持ち細身な印象

♂対馬産

額は面長でオカメやミツカドよりも尖る

♂終齢幼虫
対馬産

幼虫もミツカドと酷似し判別は難しい

♀対馬産

メス単体ではミツカドと判別不能

オオオカメコオロギ ★★★★★

Loxoblemmus magnatus

♪ ルルルルルル・ルルルルル（タタタタタとも聴こえる）とミツカド系の鳴き方だがよりマイルドで大変な美声

- 体 17〜21mm
- 生 河川敷、農園、鎮守の森など
- 産 生息地の土中
- 期 8月〜10月

分布は非常に局所的で生息地は数えられるほどしか知られていない珍種。
中型のオカメコオロギ類と似た顔つきだが、本種では触角の付け根の突起がないことで判断できる。何より大きさは全然違う。
飼 P1 丈夫で飼いやすい。やや肉食性もある。
過密には注意。幼虫はよく土に潜るので P2 が良い。

図鑑　コオロギ科

♂ 静岡県産

触角の付け根の突起が無い

♂ 静岡県産

額は尖らず丸い

♀ 静岡県産

ミツカドやツシマに似るが両者よりも産卵管は明らかに長い

---

column
大型オカメコオロギ属 3 種の見分け方

ミツカドコオロギは地域や個体によっては『カド』があまり発達しない『カドナシ型』が出現しますが、これは近縁の大型オカメ 2 種に似ることもあります。
大型オカメ 2 種はどちらも分布が限られ、あまり見かけないので、悩むようなことはあまりないはずですが、特にツシマオカメでは判別が難しいことがあります。

ミツカドコオロギ（カドナシ型）
一般的なミツカドは日本全国の明るいやや乾き気味の草地で最も普通で顔が特徴的なので他種と間違えることはない。
しかし、カドナシの個体が他種と分布が重なる場合、紛らわしいことがあるので注意が必要。声は非常に鋭い。同じ生息地でもカドナシ型のカドの程度は様々なことが多くあまり均一でない。

額はすこし前方に突き出て多少尖る

変異や程度はさまざまだが、額は比較的安定した半円形であるのが普通

ツシマオカメコオロギ
対馬と愛媛からのみ見つかっている。
声は明らかにミツカドより柔らかい。横から見ると頭頂部は鋭く長い。同一産地内でカド程度（個体差）はほとんど感じない。
カドナシのミツカドよりも、カドの発達したミツカドのカドを無くしたような顔つきをしている。

額は鋭く尖る

額は鋭くしっかりと張り出し、鉞（まさかり）のよう

オオオカメコオロギ
本州・四国・九州と分布するが、非常に局所的なので " 何となく " では見つからない。
カドナシミツカドというよりも、モリオカメを巨大にしたような顔つきで、どちらかというと丸っこい。また大顎が目立ち、明るいオレンジ色をしている。

額は尖らず、全体的に丸みをおびる

額は緩い扇状または簪（かんざし）のような形をしている
顎のオレンジ色が強くよく目立つ

クチナガコオロギ ★★★
Velarifictorus aspersus

♂奈良県産

♀奈良県産
黄色みが強く産卵管は短め

♪フィリー・フィリー（リィ・リィとも聴こえる）と柔らかく、気持ち間延びした声で鳴くなかなかに美声

🔵体 17〜19mm
🟢生 丘陵地の疎林やその周辺
🔴産 生息地の土中
🟠期 7月下旬〜11月上旬

西日本にしか分布せずちょっと珍しい印象があるが、いる所にはいる。

🟤飼 P1 P3 丈夫で飼いやすい。テリトリー意識は強いが同種・他種とも混生飼育ができる。

♂奈良県産
顎がとにかく大きい

コガタコオロギ ★★☆
Velarifictorus ornatus

♂神奈川県産
ツヅレサセの小型個体とよく似る

♀神奈川県産
翅は短かめ

♪やや高めの声でヂーーッ・ヂーーッ（ビー・ビーーとも聴こえる）と1声、1声の間隔を長く鳴く

🔵体 12〜16mm
🟢生 耕作地や土手などやや乾いた草地
🔴産 生息地の土中
🟠期 5月〜7月の主に初夏だが、温暖な地域では秋に2化目が鳴く

そこまで普通種ではないが、早い時期に見られるので比較的目立つ存在。

🟤飼 P1 P3 比較的丈夫で飼いやすい。加温飼育しているといつでも幼虫が孵化するが成長はばらつく。

♂長翅型
神奈川県産

ナツノツヅレサセコオロギ
本土 ★★★
南西諸島 ★★☆
Velarifictorus grylloides

西表産

無印ツヅレと酷似するがやや光沢がある

♪リー・リー・リー・リーとツヅレサセに似た声で鳴くがより透明感とキレがある

🔵体 15〜18mm
🟢生 耕作地や河原など
🔴産 生息地の土中
🟠期 5月〜7月 南西諸島、特に先島諸島では周年か

幼虫で越冬し初夏から鳴く。関東辺りではとても珍しい印象。温暖な地域では声を聴く機会も多い。

🟤飼 P1 丈夫。特に幼虫は強健。他種のコオロギとも混生飼育できるがテリトリー意識は強く、やや肉食性もある。

♀西表産

（4月奄美大島）

ツヅレサセコオロギ ★

Velarifictorus micado

♪ リー・リー・リー・リー・と大きめの声で力強く一定のリズムで鳴く　晩秋は気温の低下に伴い、か細くテンポもマイルドになる

- 🐛 体 12 ～ 20mm
- 🌱 生 平地のあらゆる草地
- 🥚 産 生息地の土中
- 🗓 期 7月中旬～ 11月上旬

『コオロギ』と言えば本種。本州などでは最も一般的なコオロギのひとつで、秋になるとどこでも鳴いている。名前の由来は、寒さで冬が近づくと本種が玄関まで侵入してきて鳴く様が、冬支度（着物を綴れさせる）を急かすように例えられ、『綴れさせコオロギ』と呼ばれることから。非常にテリトリー意識が強く、縄張りに侵入するオスと果敢に格闘することから、中国の闘蟋文化（P142 参照）では本種とナツノツヅレで主役を張っている。

飼 P-1 丈夫。他種のコオロギとも混生飼育ができるがテリトリー意識が強く、やや肉食性もある。

埼玉県産

オスは外見ではナツノツヅレとほぼ見分けがつかない

♂小型
山形県産

非常に小さい個体
サイズの変異は大きい

♀ 山形県産

ナツノよりほんの少しだけ産卵管が長い

♀長翅型
山形県産

長翅型は灯火にも来る

中国では養盆という伝統的な容器で飼育する（P144 参照）

終齢幼虫（7月埼玉県）

column
実はヤンバルには 2 種いる？ 幻のオキナワツヅレサセ

ツヅレサセとナツノツヅレは非常に似ていますが、明らかな完全別種です。ところが、南西諸島まで広く分布している種の話になってくるとちょっと事情が変わってきます。コオロギ類に限らず、本州と南西諸島に見た目が同じような生き物が生息している場合、例えばシバスズとネッタイシバスズの関係のように『似ているが別種』または亜種レベルの差が生じていることが多く、完全に同一種であるというのはむしろ少数派といえます。

本州から南西諸島まで広く分布するナツノツヅレサセコオロギも、南西諸島産を『リュウキュウツヅレサセ』として記載されたことはありますが、今のところ南西諸島産の個体も同一種として考えるのが一般的なようで（もしかしたら未知の隠蔽種はいるかもしれませんが）、日本全国同一のものとして考えられています。

ところが、沖縄本島のヤンバルと言われている地域にはナツノツヅレとは違う第2の『ツヅレサセコオロギ』がいるかもしれないのです。
著名な鳴く虫研究家である故松浦一郎先生はその昔、ヤンバルで秋に鳴く未知のツヅレサセコオロギを確認しているのだとか。
私は松浦先生と面識はありませんが、学会誌で先生の寄稿文を古くから拝見しており、その内容は常に丁寧で確実なもので、その先生が「ヤンバルにはナツノツヅレ以外のオキナワツヅレサセコオロギたる未知の種がいる」と言うのですから信じる他ありません。そのオキナワツヅレサセコオロギが実在するのなら、無印ツヅレサセに近い隠蔽種である可能性も考えられます。

ヤンバルに生息するツヅレの隠蔽種・・・・実在するのなら採集してみたいものです。

国頭村（ヤンバル）産ツヅレ。採集時、もしや！とも思いましたが、ただのナツノツヅレでした

クマスズムシ ★★✓

Sclerogryllus punctatus

♂ 埼玉県産

雌雄共に全体的にツヤがあり肢は飴色をしていて美しい

南西諸島産

♂ 久米島産

すらっとしてちょっと華奢

♀ 久米島産

♪キーーーーーーーーーンと耳鳴りのような高い声で鳴く（ニュインニュィンニュイン・・・・・と聴こえることも）

🔵体 9〜12mm
🟢生 湿度の高い草地や河川敷の薮など
🔴産 ある程度太さのある枯れた草本の茎
🟠期 7月中旬〜10月下旬

けい節はオレンジ色。スイカの種のような独特な形は似ている種がいない。やや深い薮の中で鳴いていることが多く見つけづらいが、個体数が多い場所の最盛期には付近の道や裸地を歩いていることも多い。他のコオロギ類ほど積極的に跳ね回らずトコトコと歩いている姿をよく見る。

南西諸島産はやや細身で小振り。形も少し違う。また生息環境も微妙に異なり、草地というより森の中に多い印象がある。与那国島からは見た目がそっくりなネッタイクマスズムシが知られる。

🈵飼 P2 P5 おとなしく飼いやすいがやや短命な感がある。産卵床はアジサイの茎がよく使われるが、枯れたススキの根際、ヤシのハスクなどけっこう幅広く対応するのでいろいろな植物を試すと良い。

鳴いている（8月埼玉県）

カマドコオロギ ★★

Gryllodes sigillatus

♂ 与那国島産

翅は短い

♂ 与那国島産

体は平たく何かの隙間に入るのに適している

♀ 母島産

メスは翅がほとんど見えない

♪高い音でチリチリチリチリチリと鋭く鳴くが、音量は中程度でうるさくは感じない可愛らしい声

🔵体 14〜17mm
🟢生 本州では温泉地動植物園の温室やその周辺。南西諸島では市街地やダム施設など人工的環境に多い
🔴産 生息地の土中
🟠期 ほぼ1年中

世界中の熱帯・亜熱帯に分布するコオロギで、タイプ産地はオーストラリアだがルーツは不明。

日本産は江戸時代の初期に侵入したと考えられており、竈（かまど）や囲炉裏の熱にあやかり1年中鳴くことができた。昭和初期までは東京も含め人の営みがある所ならどこにでも生息しており、本種の鳴き声は冬の風物詩でもあったが、竈の消失と共に本種も姿を消していった。中部地方のある地域では新しく竈を作ると、ご近所さんからカマドコオロギを分けてもらい新しい竈へ住まわせて験を担ぐという風習まであったそうだ。それほど人間の生活に最も深く関わりを持っていた。

🈵飼 P3 J1 大変丈夫で飼いやすいが、ジャンプ力が強く、動きも素早いので管理時の扱いが難しい。室内だと1年中殖えてしまう。

地面に落ちたオキナワシャリンバイの実を食べるオス（10月与那国島）

column
エサコオロギと呼ばないで
~~ヨーロッパイエコオロギ~~
シマダコオロギ
Acheta domesticus

♪ リーリーリーと中程度の音量で単調に鳴く
- 🔵体 18〜21mm
- 🟢生 ペットショップの餌コーナー
  逸出した個体も野外で稀に見つかる
- 🔴産 土中
- 🟠期 1年中

現在絶滅

♂ 養殖個体

♀ 養殖個体

ヨーロッパイエコオロギ（以下イエコオロギ）というと、今となっては餌昆虫としては大変有名な種で『ミルワーム』の知名度をも超えてしまった感すらありますが、名前のとおりヨーロッパが模式産地のコオロギで元々日本にはいませんでした。

私が初めて日本で本種を見たのは1994年のことであり、セーシェルという国からゾウガメが輸入されて成田で通関が終わり、ゾウガメが入っていた木箱を開けた時です。箱の中の敷き藁に本種が数匹潜んでいたのを発見しました。世界中の動物園等で餌としてこのコオロギが利用されていたのは文献等で知っていたので、喜び勇んで本種を持ち帰り、必死に累代繁殖をさせました。
※外国からきた木箱の中にいたコオロギを持ち帰り繁殖させるというのは、現代であれば炎上しそうなネタですがここはご愛嬌で。

当時、日本ではフタホシコオロギが爬虫類の餌として普及していましたが、世界の動物園で利用されているイエコオロギなので日本でも新たな餌として喜ばれるのではないかと、繁殖させた個体を爬虫類専門店に提供し試験的に使ってみてもらいましたが、その時は「フタホシよりよく跳ねるし速すぎて扱えない」と不評だったため何となく気力を失い繁殖させるのを止めました。

しかし、世界中で餌として普通に扱われているものなので、私と同じように日本でも通用すると考えた人が繁殖を続けていました。

時間の経過と共に、『非常に丈夫で扱いが雑な人でもすぐに死なない』『うるさく鳴かない』『捕食性が弱い（共食い、捕食者への攻撃がない）』など、フタホシにないメリットが理解されるようになりました。1996年あたりからちらほら受け入れられるようになり、1997年には50匹入りの小さな箱に入ったものが千葉県の動物商から発売され、その数年後には日本国内で一気に普及しました。
と、個人的な要らぬエピソードも含みましたが、餌用として普及した経緯はこんな感じで、現在ではフタホシよりも一般化した『餌コオロギ』となっています。

そんなイエコオロギですが、実はペットの餌用に普及するかなり前から既に日本国内で野生個体が見つかっているという事実があります。わかる限りでは1980年に静岡県の島田市で本種の野生個体が見つかっており『シマダコオロギ』という和名があてられています。また、1992年には愛媛で野生個体が確認されており港湾の埋め立て地で発見されたことから『ウメタテコオロギ』という名をあてられています。
この頃までは、発見場所や状況から意図して持ち込まれたものではなく、積み荷等に紛れて侵入したのでしょう。島田市、伊予三島市両産地の個体は現在では絶滅しているらしく、日本産のコオロギとしては『一時帰化種』として位置づけられています。

近年では日本中で普通に飼育されていますので、野外へ逸出する個体はかなりいるようですが、いずれの場合も一時的なもののようでいつの間にか消えてしまっており、本種が日本で生き抜き定着するというのは実は難しいことなのかもしれません。少なくとも関東南部くらいの気候では冬を越すことはできないようです。

※参考資料 ばったりぎす68号、121号 日本直翅類学会

♂ 野外で見つかった個体
は野性味がある

野外で単独で育った個体は黒くしっかりしており、餌用の養殖個体とはまるで別種のよう

31

オチバコオロギ ★★★★★

Parasongella japonica

全て沖縄本島産

♂

♂

♀

♪ 高音かつ小さめの音量で"ジッ・ジッ・ジッ・ジッ・ジッ"と単調に鳴き続ける
野外では非常に聴き取り難いが、飼育下では意外としっかり聴こえ、悪くない

体 12 ～ 14.5㎜
生 山地の渓流沿いの斜面
産 生息地の土中
期 3 月下旬から 5 月中旬

オチバコオロギ属は東南アジアに 1 種、アフリカに 1 種の計 2 種が知られていたが、1995 年にヤンバルで発見され 2001 年に 3 種目となる本種が新種記載された。
山地の渓流付近の落ち葉の積もる斜面にのみ見られる。オスは落ち葉の下の地面に穴を掘ってその出口付近で鳴いていることが多い。特殊な生息環境に加え出現時期も限られるため見つけるのは容易ではない。少なくとも 5 月下旬には鳴き声も聴こえなくなりオスはいなくなるが、メスは 6 月でも見つかることがある。飼育下では 7 月から孵化し、時間をかけ亜終齢または終齢まで成長し 12 月頃に成長が止まる。完全な冬眠とは言わず活動しながら越冬し、3 月頃から羽化が始まる。おそらく、野生下でも生態は同じかほとんど差はないと思う。

飼 P5 成虫の飼育だけなら丈夫で簡単だが、繁殖は難しく、幼虫越冬で翌春に羽化するが、温度管理（低温管理）をしっかりさせないと羽化のタイミングが著しくズレる、または羽化しない個体が続出する。生息地も涼しいためか、暑さには弱い感がある。

メスは翅がない

♂終齢幼虫

初齢幼虫

3 齢くらいまで肢は黄色い

column
名前と裏腹、日本一珍しいコオロギ

『オチバコオロギ』という平凡すぎる名前からは全く凄みを感じませんが、その名とは裏腹に、沖縄本島の山原（ヤンバル）のさらに本当の山奥にしか生息していない珍品中の珍品なのです。山原というと、ヤンバルテナガコガネやヤンバルクイナが有名ですが、本種もそれらと同様に、古い時代からの依存種のようで、生息域もヤンバルテナガコガネと似ています。
このオチバコオロギ、ヤンバルブランドを冠する資格を十分に有する昆虫なので、『ヤンバルオチバコオロギ』とでも命名されていればもっと有り難みがあったのになぁ…と、手前勝手な私感はさておき。

本島北部。数カ所で見つかっているが、何れの場合も標高のある深山で沢沿いの湿った、かつ落ち葉の堆積する斜面でのみ生息が確認されている。

本種が珍しいと言われる所以に、「分布域が狭く生息場所が山奥である」「春の短い間しか鳴かない」「見つけても一瞬で穴に潜り捕まえづらい」など色々な要素がありますが、何より「今年はいない年かもしれない」という思い込みが一番かと思います。

私が本種を初めて見たのは2010年前後の春で、ある沢を登っていた時でした。「これが噂のオチバコオロギか」と喜びはしましたが、その時は別の目的がありましたし、ちゃんと探せばいくらでも捕れるだろうから採集は次回にしようと、1匹だけを持ち帰りそれ以上は探しませんでした。その後もオチバコオロギの事は意識していたものの真剣に探していたわけではないので、一向に採集が出来ずにいました。2013年あたりからは真剣に取り組み、本種のみを目的に毎年発生時期に生息地へ行きましたが、私の探し方が下手なのもありますが2017年に再度見つけるまで5年間は1匹も捕まえられませんでした。

発見の難しさのひとつに年齢が40代の私には少々聴き取り難い声で「鳴いてる場所が絞れない」というのもありますが、生息地に行っても、鳴いていたりそうでなかったりで、いつ鳴いてるのかよくわからない、というのが一番のネックでした。
本種は個体数の多い年と少ない年があると言われ続けていました。昆虫の世界でままあることで、隔年で発生したり、数年毎に大発生するなど、表年と裏年がある種はいくつも知られており、本種もそういったたぐいのものと考えられていたのです。そのため、最初の内は生息地に何度か行って、声が聴こえない、またはほとんど聴こえない場合は思い込みで『裏年』と決めつけ、本腰を入れて探さなかったのもあり、再発見まで時間を要してしまいました。しかし、何度も生息地で声を確認しながら今日までに経験してきた感じでは、明確に裏年と表年があるわけではないようなのです。

本種は鳴く時間帯やタイミングがシビアなだけで、毎年、確実によく鳴いているタイミングがあり、全く鳴かない、またはあまり鳴かない時間のほうが多いだけという印象を持つようになりました。時間帯や温度や湿度、もしかしたら気圧なども関係している気がします、まだまだおぼろげですが、最近では少しだけ、よく鳴く日、よく鳴く時間帯が狙えるようになってきたような気がします。
もっと沢山の情報と経験を踏んで『よく鳴くタイミング』の理解を深めれば、将来的には少しは「狙って探せる」コオロギになるのかもしれません。

まさに高嶺の花。メスは鳴かないのでさらに発見が難しい気がする。

マツムシ科
Eneopteridae

基本はコオロギのような扁平な形をしているが、特定の環境に依存している種が多いため、その環境に適応した色や形をしており、全体的にはバラエティに富んだグループ。
声に関してもマツムシのような鳴き声の目立つ種から全く鳴かない種まで様々。世界には 100 属 600 種以上が知られ、日本には下記の 20 種がおりその内 5 種が鳴かない。本書では 20 種中 19 種を紹介（鳴く種の中の 14 種を本編で、鳴かない種 5 種全てはコラムで紹介）する。
クチキコオロギ亜科 4 種
マツムシ亜科 8 種
カヤコオロギ亜科 2 種（全種鳴かない）
スズムシ亜科 1 種
カンタン亜科 5 種

写真　スズムシ♂　マダラコオロギ♂

クチキコオロギ ★★★

Duolandrevus iwani

本土産

♪ グリィーーー・グリィーーと中程度の音量でやや低い声でゆっくりと寂しげに鳴く

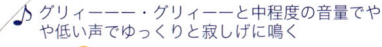

- 体 本土産 30mm前後
  南西諸島産 34mm前後
- 生 森の中の樹幹のうろや倒木の割れ目など
- 産 うろに堆積したマット質や周辺の土中
- 期 本州では5〜11月、南西諸島では1年中

コオロギ体型のマツムシの仲間。温暖な環境に生息し本州では主に太平洋側に生息する。
亜種を区別しないのが普通であるが、地域による差異がみられ、将来的には亜種、ないし別種として認められるものも出てくるかもしれない。
現在でも伊豆や南西諸島の個体はそれぞれ亜種や別種として考えられることもある。

飼 P4 非常に丈夫で飼いやすいが、決まった越冬形態がなく、1年中だらだらといつでも殖える。
成長速度はかなりばらつき計画的な累代は難しい。

♂ 岡山県産
本州でよく見られる個体は黒い

♀ 岡山県産

♂ 伊豆産
沖縄諸島の個体に似た雰囲気

南西諸島産

原生林でよく見る（9月神奈川県）

♂ 沖縄本島産
頭部はやや明るく模様が出ることが多い

♀ 沖縄本島産
雌雄共に本州産とは雰囲気が違う

ヤエヤマクチキコオロギ ★★⌒

Duolandrevus guntheri

♪ グリーー・グリーーとクチキコオロギに似た感じだが幾分声に張りがあり軽やか

- 体 34〜44mm
- 生 森の樹幹のうろや倒木の割れ目など
- 産 うろに堆積したマット質や周辺の土中
- 期 1年中

非常に大型で本種はいわゆる狭義のコオロギの仲間ではないが『日本最大のコオロギ』と称される。八重山の夏の夜には森の至る所から本種の鳴き声が聴こえる。
与那国島には近縁種のヨナグニクチキが生息し、大変良く似ているが、オスの生殖器の構造は大きく異なる。また幾分小さい。

飼 P4 非常に丈夫で飼いやすいが、決まった越冬形態がなく、1年中だらだらといつでも殖える。
成長速度はかなりばらつき計画的な累代は難しい。

♂ 西表島産
大型で頭も幅広で凄みがある

♀ 西表島産

ヨナグニクチキコオロギ ★★★

Duolandrevus yonaguniensis

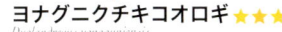
与那国島産
姿はヤエヤマと似ているが与那国固有なので間違えることはない

スズムシ ★★✦
Homoeogryllus japonicus

♪リーー・リーーン・リーーン・リーーンと鋭く澄んだ音色はよく知られているが、これは誘惑鳴きであり、普段は、リンリンリンリン・・・と単調に鳴く

- 体 16 〜 19mm
- 生 河川敷や林縁など木々が混じり湿度の高い草地
- 産 生息地の地中
- 期 8月〜 10月上旬

鳴く虫としては最もよく知られた種のひとつ。知名度のわりにどこでも生息しているというわけではなく、生息にはある程度の自然度が必要で都市化に伴い野生の声は年々聴けなくなっている。

声が良く、平安時代からその声が愛でられており、少なくとも江戸時代には繁殖法が確立していて商業目的で飼育繁殖されていた。伝統的に現代でも数件の専業農家で繁殖されており、時期になるとホームセンター等で販売される。ちなみに、鈴虫農家の中には創業から代を継ぎ 100 年も専業している生産者もいる。

飼 P3 J1 古くから飼われていただけあって飼いやすいが、やや短命でそんなに丈夫ではない。繁殖を目的とせず声だけを楽しむなら、オスは交尾させない方が長く生きるので雌雄別々にするとよい。また他種との混生飼育も向かない。

地表性でコオロギ体型だがかなり立体的な活動をする。またコオロギ類のように穴を掘ったり、障害物を除き空間を広げるなど、自ら隠れ家を作ったり住みやすくするような行動はしない。

♂ 養殖個体

♂ 神奈川県産

新成虫
羽化直後は後翅が残ってるが、しばらくすると抜け落ちる。後翅の残る個体は、特にメスでは飛翔して灯火にくることもある

♂ 愛知県産
まれに見かける淡色の個体

♀ 神奈川県産

♀ 神奈川県産
卵を持つと腹が膨らむので前翅も抜けやすくなり、写真のように丸裸になってしまう個体もいる

普段はクモなどの侵入を防ぐために、ウエス（布）で蓋をしておく。現代の目から見ても大した欠点もなく良い飼育法と言えるので、こういった趣を楽しむのも良い。

壷飼いの様子
昔ながらのスズムシの飼育方法。少なくとも 18 世紀後期にはこの方法で鈴虫が飼われており、鈴虫之作様（P104）でも紹介されている。つい最近までよく見た絵図であり、私が子供の頃（30 数年前）でも近所の八百屋の店先で壷で飼われているスズムシを売っていることがあった。

鳴き声の四方山話

現代ではスズムシの鳴き声に耳を傾けながら、「お、コイツは良い声だ！」とか「あいつは下手だなぁ」なんて個体毎の声の違いを楽しむ粋な御仁はなかなかいらっしゃらないと思いますが、昔は、スズムシの各個体の声も評価したそうです。通常、リーーン、リーーン、リーーンと、3声から4声くらいを一節に鳴くものですが、一節で5声、6声と多ければ多いほど良しとされていたそうです。さらに、力強さ、濁りの少なさ、一節の間の長さ等も評価の対象となったと聞きます。

以前、宮城の鳴く虫愛好家の方から、「仙台のスズムシは声が良く伊達政宗も好んで鑑賞していた」と天然の個体を頂戴したことがあります。その時は「あ、確かに関東のより数声多いかも」と思った程度で、申し訳ないながらも、その価値に気づかなかったのですが、その数年後に故松浦一郎先生の著書の中に『宮城のスズムシは、7声鳴くと言われ古来より重宝されていたと』いう記述があり、「あの時のスズムシは本当に凄いスズムシだったんだ」と、しばらくしてから合点しました。
松浦先生の著書にもありましたが、スズムシの鳴き一節での声数は、地域により差があるようで、日本国内でもありますが、台湾、北京の個体は声数が多いとのことです。
実際に、私が中国の上海で売られているスズムシの声を聴くと、どの個体も一節が7～8声ほどで明らかに日本の個体より一節の声数が多いのです。中国では様々な種の鳴く虫が販売されていますが、同じ種でも個体毎で産地、新鮮さ、声の良さ等で価格が全く違います。タイワンカヤヒバリなどは声数の多さと1声の間の長さの違いによっては、10倍以上価格が違うなんてことはざらです。

このように、鳴く虫は中国では鳴き声の良さがダイレクトに価格に反映されています。声の節が多いのは、単なる地域差や偶然ではなく、嗜好にあわせ愛好家に好まれる個体が選ばれて販売されているのかな？ またはそのように淘汰されてきたのかな？ と思えるようになってきました。そもそもスズムシの声の価値の差という概念も中国より輸入されたものなのかもしれません。なぜなら、江戸時代中期にはスズムシのことを金鐘虫と言ったそうで、この呼び名は中国でのスズムシの名である金鐘児に由来していると考えられるからです。

図鑑　マツムシ科

マツムシ ★★♪
Xenogryllus marmoratus

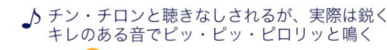

♪ チン・チロンと聴きなしされるが、実際は鋭く
キレのある音でピッ・ピッ・ピロリッと鳴く

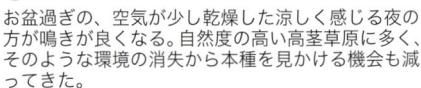

体 19 〜 22mm
生 山間にもいるが平地の河川敷など
やや乾燥した草原
産 枯れたイネ科植物の茎や根際
期 8 月〜 10 月

お盆過ぎの、空気が少し乾燥した涼しく感じる夜の
方が鳴きが良くなる。自然度の高い高茎草原に多く、
そのような環境の消失から本種を見かける機会も減
ってきた。
本州など本土に生息する基亜種と、南西諸島と台湾
に産する台湾亜種（オキナワマツムシ）の 2 亜種に
分けられている。台湾亜種とは見た目はほとんど変
わらないが、鳴き声が、ピッ・ピッ・ピッ・ピロリ
ッと鳴き、基亜種よりピッの回数が多い傾向にある。
飼 P6 N2 N3 通気良く、乾燥気味で管理すれば、
強く丈夫で飼いやすい。産卵床は収穫の後に田んぼ
に残ったイネの株が良いが、手に入りづらい場合は
アワやキビの株でもよい。また園芸店で売っている
イネ科植物でも代用できるものは沢山ある。繁殖を
目的とせず声だけを楽しむなら、オスは交尾させな
い方が長く生きるので雌雄別々にすると良い。

♂ 埼玉県産

枯れ草のような褐色型のみしか知られていない

♀ 埼玉県産

埼玉県産

台湾亜種（オキナワマツムシ）
Xenogryllus marmoratus unipartitus

♂ 久米島産

久米島産

わずかに大柄で、気のせい程度に色が濃い
南西諸島に生息するので 12 月でも鳴いていることがある

マツムシの交尾（9月埼玉県）

オキナワマツムシ　センダングサの薮で鳴く（9月久米島）

アオマツムシ ★

Truljalia hibinonis

♂ 埼玉県産

♀ 埼玉県産

カットフルーツのような体型

♪ リーン・リーン・リーン（リーッ・リーッ・リーッ とも聴こえる）と大きな声で鋭く力強く鳴く

- 体 21 ～ 23mm
- 生 都会の公園や人里の二次林や街路樹 里山の林
- 産 樹幹や樹皮の中
- 期 8月上旬～ 11月上旬

鮮やかな緑色と、まとまりの良い体つきでとても美しい容姿をしている。人里から分布を広げているので人間の生活圏ではどこでも鳴いているほどだが、木の高い所にいて、なかなか姿を見るのは難しい。走光性があるので暗い郊外であれば外灯回りで見つけやすい。外来種であり、原産地は中国南部と考えられており明治後期に初めて東京で見つかった。もともと南方種であり、北日本ではあまり見られなかったが温暖化に伴ってか年々分布は北上しており、現在では岩手県までは確実に生息している。

飼 P7 N2 何でも食べ丈夫で飼いやすい。サクラやエノキなど広葉樹の若い葉を好んで食べる。生きた木本の幹に産卵するため飼育下での繁殖は難しい。

日本では普通種だが、原産国の中国では都会では見られないため、このように販売されている（高価！）

幼虫は若齢ほど赤く、黄色、緑と加齢に伴い変化していく

ある程度太さのある生木に産卵する

最盛期は夜に力強く鳴くが、晩秋には昼から鳴き、声もやや心細い

マダラコオロギ ★

Cardiodactylus guttulus

♪ あまり大きくない音で、ショキッ。。ショキッ。。ショキッ。と地味に鳴く（床屋で髪を切る音と表現があるがまさにそんな感じ）

♂ 伊良部島産

久米島産

- 体 32 ～ 37mm
- 生 林縁や森林、その周辺の藪や樹上
- 産 樹皮の隙間や枝の折れ口など
- 期 7月下旬から年を越して 1月下旬まで

コオロギの名はあるがマツムシの仲間。容姿に南国情緒があり南西諸島の秋の森を代表する昆虫のひとつ。個体数が多く最盛期は昼夜を問わずよく目につく。特にオオイワガネやアカメガシワ、クワズイモの多い環境で群生してるのをよく見る。自切といってもいいほど脚が取れやすく、野生状態で後脚がない個体をよく見る。採集時のちょっとの刺激で簡単に脚が取れてしまう。

飼 P7 N2 非常に丈夫だが大食漢で糞も多く汚れやすい。イラクサ目の葉を好んで食べるが、与えれば何でも食べる。非常に素早く、ジャンプ力がすごいので餌やり等の管理時に脱走事故が起きやすい。クワガタ飼育用の床材で産卵させられる。

♀ 石垣島産

中齢幼虫 西表島産

たまたまか？撮り貯めた写真を見ると八重山産の方が鮮やかな個体が少ない気がする

成虫とだいぶ印象が違うため、しばしば別種に間違われる

久米島産

珍しく昼でもよく見かける種。ペア、ないしは複数の個体でいることが多い（9月宮古島）

南西諸島のどこでも個体数が多い（9月与那国島）

サワマツムシ ★★★

Vescelia pieli

♪ ピッリッリリリリリリリリリリと大きめの音量で鋭く澄んだ音色で鳴く　野外で聴くと非常に美しいが、室内だと鋭すぎる

体 18 ～ 23㎜

生 自然度の高い沢の葉上

産 ヘゴなど木性シダの幹や葉柄

期 10 月頃がピークだが 1 月～ 3 月以外はいつでも

夏の南西諸島の渓流（沢）で最も目立つ声で鳴いている生き物のひとつで、生息はほぼ沢筋に限定的。いるところではよく鳴いているので生息の確認は容易だが、鋭くよく反射する音で、しばしば方向転換もするため非常に音源を絞り難く見つけるのは難しい。また生息地はハブも多く、一般の人が気軽に捕りには行けないことも相まって、その希少性と音色の美しさから一定のファンがいる。
南西諸島産を亜種の *V.p.ryukyuensis* とする考えが一般的になっている。

飼 P6 N2 敏感でジャンプ力も強いのでちょっと扱いづらいが、丈夫で飼いやすい。いつでも水分を補給できる状態にして少し乾いているくらいの方が調子が良い。親と一緒に産卵床を放置するだけだと孵化率は良くないので、まめな管理をしないといまいち思い通りに殖えない。

西表島産

♀ 沖縄本島産

♂ 西表島産

中齢幼虫　成虫同様渓流に見られる（4 月沖縄本島）

下草から目線くらいまでの高さのところで鳴いていることが多い（6 月西表島）

山地の自然度の高い沢に生息する（沖縄本島）

コバネマツムシ ★★★

Lebinthus yaeyamensis

♪ 大変小さな声でビービービーと鳴く
野外では聴き取るのは難しく、飼育下で意識していればやっと聴こえる程度

体 14 ～ 15㎜

生 薄暗い森林内の林床

産 生息地の土中

期 8 月上旬～ 12 月上旬

がに股で面白い姿をしている。国内に似た種がおらず他種と見間違えることはない。そこまで珍しくはないが、野外では声で生息を確認するのが難しいので狙って採集するのは難しいかも。

飼 P4 丈夫で飼いやすい。本来は年 1 化だが、飼育下では必ずしも卵越冬はせず、温度が高いとだらだらと年中孵化してしまう。

♂ 西表島産

後肢は頑丈だが体型はダルマのようにころころ

雌雄共に上から見ると凄いがに股で国内に似た種はいない

♀ 西表島産

幼虫の時から既にがに股（6 月西表島）

図鑑　マツムシ科

鳴かない鳴く虫 その1（鳴かないマツムシ科の仲間達）

キリギリスやコオロギの仲間の総称を『鳴く虫』としていますが、鳴く虫の仲間でありながら、発音器を持たない種というのは少なからず存在します。
本書は『鳴く虫の本』なのでそれら鳴かない鳴く虫にあまりページを割くつもりはありませんが、同じ仲間のよしみで少しだけ紹介します。

国産のマツムシ科全20種中、鳴かないのはこのページで紹介する5種が全て。
国内に生息するマツムシ科の4分の1の種が鳴かないことになります。

マツムシモドキ ★★★
Aphonoides japonicus

アオマツムシを茶色くしたような見た目。静岡以西の温暖な地域に分布。発音器はないが腹を振るわせ振動音を出す。

♀ 愛媛県産

♂ 愛媛県産

アカマツムシモドキ ★★☆
Aphonoides rufescens

マツムシモドキとよく似るが赤みが強く気持ち大柄。より温暖な地域に見られ、主に九州以南の南西諸島に生息する。

♂ 徳之島産

♀ 徳之島産

ヤエヤママツムシモドキ ★★☆
Mistshenkoana gracilis

八重山諸島の照葉樹林に見られる。振動音を発する。

♀ 石垣島産

♀ 石垣島産

♂ 石垣島産

カヤコオロギ ★★★
Euscyrtus japonicus

本土の明るい自然度の高い草地に生息する。各地で減少しており見つけるのが難しくなった。群生する傾向があり、仲間同士で何らかの通信手段をとっているようだ。

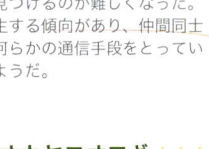

♂ 神奈川県産

♂ 神奈川県産

♂ 8月神奈川県

オオカヤコオロギ ★★★
Patiscus nagatomii

八重山諸島の明るい草原に見られる。1年中いるが、見つけるのはちょっと難しい。

♂ 与那国島産

♀ 10月西表島

カンタン ★★⭐

Oecanthus longicauda

♂ 埼玉県産

一般的な色合い

♀ 山梨県産

♂ 山梨県産

雌雄共に腹は黒い

♂ 北海道産

北海道や山地など寒冷地では小柄で黒っぽくなる傾向がある

♂ 埼玉県産

腹が白いタイプ

鳴き声はカンタンだがヒロバネカンタンとの交雑の可能性も指摘されている

♪ あまり大きくない音量で "ロロロロロロロ……" と少しこもった感じに寂しげに鳴く　落ち着いた大変に美しい鳴き声　暑いと鳴きは悪いが、お盆以降少し気温の下がった夜などはよく鳴く

🔵体 14 〜 15.5mm

🟢生 平地から山地の林縁やクズが繁るような草地

🔴産 植物の茎の中、特にキク科植物

🟠期 8 月上旬〜 11 月上旬

美声で名高い。その幻想的な鳴き声が名前の由来となっており、漢字では『邯鄲』と書く。『邯鄲の夢』という詩のタイトル（都市名）がそのまま当てられたもので、少なくとも江戸時代には本種はカンタンと呼ばれていた。やや冷涼な環境でよく見るが、平地の草原でも見かける。特に北海道では個体数も多く、平地の耕作地やオオヨモギが生える草地などで普通。腹が黒いのが普通だが、関東や関西の一部の河川敷では腹が白い個体群がある。

飼 P6 N2 N3 食が細いというか、好みに偏りがあり、少し癖がある。やや肉食性が強いが、新鮮で若いヨモギやクズの葉をよく食べる。声を楽しみ長生きさせることを目的とするなら単体飼育に限る。

葉を拡声器にようにして鳴くオス（8 月千葉県）

交尾　誘惑線をなめるメス（8 月埼玉県）

ヒロバネカンタン ★★⭐

Oecanthus euryelytra

♂ 岡山県産

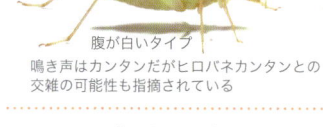

オスの翅はカンタンより幅広

♀ 岡山県産

♀ 鳥取県産

地域によっては褐色型も珍しくない

♪ ちょっと濁った感じにルールールールーと 1 秒間に 2 声くらいややゆっくりしたテンポで鳴く、なかなかの美声

🔵体 12 〜 15mm

🟢生 平地の開けた草地、特に海岸の草地

🔴産 植物の茎

🟠期 温暖な地域では 2 化で 7 月と 10 月に成虫が多い　関東では秋に見られ、南西諸島ではほぼ 1 年中

関東では内陸に侵入してきている感もあるが、河口や海岸線に多い。広翅のとおりやや翅の幅が広い。ちょっとわかりづらいが腹は白いので一目瞭然。

飼 P6 N2 N3 飼育はカンタンに準ずるがやや丈夫な印象がある。また加温飼育だとポツポツと幼虫が孵ってしまう。

♂ 鳥取県産

腹は白い

コガタカンタン ★★★★

Oecanthus similator

埼玉県産

カンタンよりやや小型の傾向があるがサイズのみでは区別できない

埼玉県産

♪ カンタンと似るがやや忙しない感じでテンポが早くより濁った感じにロ゚ロ゚ロ゚・ロ゚ロ゚ロ゚と鳴き、たまに区切りが入る　趣があって良い声　慣れるとカンタンと明確に区別できる

- 体 11〜14mm
- 生 山地の林縁のキイチゴ類やイラクサ類、タケ類の葉上
- 産 飼育下ではカラムシの茎
- 期 8月上旬〜10月下旬

山地や冷涼な環境に生息し、あまり見かけない珍しい種。カンタンとはよく似ており山間では混生することもあるが、本種は腹が白いので悩まない。キイチゴ類に強く依存していることに間違いはないが、なぜかメダケやカラムシ、アカソが繁る環境でもよく見る。本種が発見された当初もメダケから見つかっており、個体群によるものかはわからないがタケやイラクサ類と無関係ではなさそう。

飼 P6 N2 N3 カンタンに準じるがより丈夫な印象。暑さで疲弊しやすいのでなるべく涼しく飼うと調子が良い。

腹が白い

♂ 埼玉県産

タケの茎を食べるオス（9月埼玉県）

チャイロカンタン ★★★

Oecanthus rufescens

♂ 宮古島産

雌雄共に褐色型しか知られていない

♀ 石垣島産

♪ リュー―リュー―リュー―と1声が1〜2秒の間隔で鳴く　単調な感もあるが良い音色

- 体 14〜16mm
- 生 平地の乾いた草地
- 産 飼育下ではイネ科植物の茎を好む
- 期 ほぼ1年中

南西諸島ではよく似た種で鳴き声の異なるインドカンタンの記録があり、1声が5秒以上と長いのが唯一の識別点と言われている。ただし、インドカンタンと思われる種でも、飼育下ではいきなりチャイロカンタンと同じように1声が1〜2秒間隔で鳴き始め全く区別ができなくなることがある。この両者は互いによく似ており、外見でも鳴き声でも判別できない状況が多々あり、最近ではこの両種は同一種ではないかと真剣に疑っている。

飼 P6 N2 N3 カンタンの仲間としては特に丈夫。保温した飼育下では年中殖えるが、孵化と幼虫の生育がやや難しい感もあり全ての個体が順調に育つわけではないので『殖えすぎて困る』ようなことにはならないだろう。

インドカンタン ★★★★

Oecanthus indicus

♂ 与那国島産

チャイロとは見た目での判別はできないので声で判別した

♀ 与那国島産

インドカンタン
乾いた草地のイネ科植物でよく見る（12月与那国島）

ヒバリモドキ科
Trigonidiinae

10mm を超える種は少なくほとんどは小型で、
樹上性のヒバリモドキ亜科と、地表性のヤチスズ亜科からなる。
ヒバリモドキ亜科は全種が樹上性（草上性）でそれぞれの体型
はよく似ている。
ヤチスズ亜科は小型のコオロギのような体型の種が多い一方、
海浜性の種も多く知られる。特に海浜性の種では翅が退化して
鳴かない種がほとんど。
日本からは 43 種が知られ、その中で鳴く種は 25 種。本書では
鳴く種 19 種を本編で、鳴かない 8 種類をコラムで紹介する。

写真　マダラスズ♂　ヤマトヒバリ♂

ヤマトヒバリ ★★★

Homoeoxipha obliterata

図鑑 ヒバリモドキ科

埼玉県産 ♂

埼玉県産 ♂

埼玉県産 ♀

♀長翅型
千葉県産

♪ やや陰気というか控えめな声でリュ―リュリュリュリュと小刻みに鳴き、途中からいつの間にかリュ―――と連続した声に変わったりする角がなく美しい音色

- 体 5.6〜6.4mm
- 生 林内の薄暗い薮
- 産 草本の茎
- 期 少なくとも関東では年1化で8月〜10月下旬

江戸時代から愛されてきた鳴く虫のひとつで、控えめな鳴き声に人気があったそう。薄暗い森の中を好み、曇りの日などは昼からよく鳴いている。暖地では年2化らしく、初夏から鳴く地域もある。八重山諸島ではよく似たネッタイヒバリが生息する。

飼 P6 N2 N3 オスの単体飼育では長く声を楽しめるが、多頭飼いでは疲弊が早い感があり、やや短命かも。若い幼虫は蒸れや乾燥に弱く累代はやや難しめ。

葉の上を歩く姿はアリのよう（9月埼玉県）

フタイロヒバリ ★★♪

Homoeoxipha lycoides

♂ 久米島産

ヤマトヒバリと違い腿節が黒くない

黒化個体
たまに出現し腿節も褐色

♂ 久米島産

♀ 久米島産

♪ リュリュリュ・リュリュリュリュとヤマトヒバリに似たテイストだがより軽やかで音も高い良い声

- 体 5〜6mm
- 生 河川敷や小川沿いなどの明るく湿った草地
- 産 主にイネ科植物の茎
- 期 ほぼ1年中見られるが夏に多い

非常に鮮やかな色合いをしている。1990年代から沖縄本島で急に見つかり始めた種で移入種の可能性がある。私自身は2002年くらいから目にするようになり、2006年から2010年くらいは沖縄本島中部以北において夏の外灯回りで沢山の個体が見られた。ここ最近では少し落ち着いてきた、というか安定してきた感があり「どこでも沢山いる」という感じではなくなった。

飼 P6 N2 N3 飼育はヤマトヒバリに準ずるが、移入種の可能性も考えられているので無頓着な取り扱いは推奨しない。

♀ 沖縄本島産

長翅型は夏に灯火に来る

リュウキュウチビスズ
Pteronemobius sulfurariae

本州 ★★★★
南西諸島 ★★★

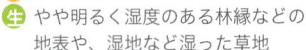
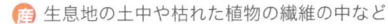

♪ ジージージーとマダラスズに似た雰囲気で鳴く

- 体 6 ～ 7.5mm
- 生 やや明るく湿度のある林縁などの地表や、湿地など湿った草地
- 産 生息地の土中や枯れた植物の繊維の中など
- 期 8 月上旬～ 10 月下旬
  南西諸島では 12 月まで見られる

分布が局所的で本土では珍しい種。南西諸島でもやや局所的。

飼 P5 適応環境も幅広く丈夫で飼いやすい。

茨城県産

茨城県産

♂

徳之島産

南西諸島産は気持ち小ぶり
また、本州産と微妙に声の差があるそうで、本州産をヤマトチビスズ、南西諸島産をリュウキュウチビスズとする考えもあった

ヒメスズ
Pteronemobius nigrescens

本州 ★★☆
南西諸島 ★★★★

♪ りーー・りーー・りーーと小さい声で弱々しく鳴く

- 体 5.3-6.2mm
- 生 低山の薄暗く湿度のある林床や林縁
- 産 生息地の土中や枯れた植物の繊維の中など
- 期 8 月中旬～ 10 月下旬

やや温暖な地域の低山で多く見られるが、森林性で声も小さく目立たない。関東あたりではちょっと少ない印象がある。

飼 P5 さほど難しさは感じないがやや短命か。少々幼虫が育ちづらい感もある。

♂
神奈川県産

ヤチスズ類に似た雰囲気だがかなり小さい

♀
西表島産

♀
神奈川県産

本州産と少し雰囲気が違う
南西諸島産は珍しい

あまり明るくない森の林床に見られる（8 月神奈川県）

エゾスズ ★★☆
Pteronemobius yezoensis

♪ ぢー・ぢー・ぢーと鳴く場合と、リッリッリッーリッリーと不規則に短く区切って鳴く場合がある

- 体 5 ～ 9mm
- 生 山地の湿った草地
- 産 生息地の土中や枯れた植物の繊維の中など
- 期 幼虫越冬で 5 月頃～ 7 月下旬

冷涼な環境で多く見られる印象だが地域によっては平地でも普通。ヤチスズ類と似るが出現時期が違うのであまり悩まない。

飼 P5 非常に丈夫。飼育下では多化となり殖えすぎてしまうので、冬は幼虫で越冬させるのも良い。

♂
長野県産

雌雄共に真っ黒

♀
長野県産

♂
山形県産

飼育下 2 化目は長翅型がよく出る

オス新成虫　初夏が最盛期（6 月長野県）

ヤチスズ
Pteronemobius ohmachii

ツヤがありスズ類としては体躯が良い

♂埼玉県産

埼玉県産

♀埼玉県産

♪ 小さい声でジーーーーーと尻上がり気味に鳴く

- 🔵 6.2 ～ 8.5mm
- 🟢 田んぼの周辺、休耕田など湿った草地
- 🔴 生息地の土中や枯れた植物の繊維の中など
- 🟠 暖地では 2 化、寒冷地では 1 化だが多くの地域では 7 月くらいから 11 月上旬

湿地を象徴するスズ。全国的に普通だが、各地によく似た種がいて悩ましいこともある。ヤチスズ以外は結構珍しいので、平地で普通に見かける場合はおおむね無印ヤチと思っても大丈夫だろう。

元気に鳴くオス（10 月富山県）

飼 P5 丈夫。飼育下では特に湿らせる必要はなく他のスズ類と同じように飼える。加温飼育だと殖えすぎるので冬は越冬させても良い。

ヤチスズの近似種たち
ウスイロヤチスズ ★★★
Pteronemobius nitidus

ヤチスズより薄いのが普通だが色では判別できない。オスの交尾器で判別するしか難しい。混同している部分もあるかもしれないが、北海道や東北以外では珍しいのかもしれない。

♂山形県産

♀山形県産

キタヤチスズ ★★★
Pteronemobius sp.

黒く、一見してエゾスズにも似ているが、体型はヤチスズそのもの。またメスは幾分産卵管が長く尾肢を少し超える。秋に成虫になるためエゾスズとは重ならない。

♂秋田県産

♀秋田県産

ネッタイヤチスズＡ ★★
Pteronemobius sp.

南西諸島（トカラ以南）のみに分布するのでヤチスズと間違えることはない。見た目や性質は無印ヤチスズと同様。

♂西表島産

♀西表島産

ネッタイヤチスズ B ★★★
Pteronemobius sp.

明るい湿地に生息する一般的なネッタイヤチスズとは異なり森や森の近くに生息する。黒っぽく形態に差があり、鳴き声のちょっと違うタイプがいる。隠蔽種の可能性も。

♂宮古島産

♀宮古島産

この他、小笠原にはアニジマヤチスズや、ハハジマヤチスズと名付けられた未記載種が知られ、小笠原に限らず、まだ知られていない隠蔽種がいる可能性はある。

キンヒバリ ★★
Natula matsuurai

♂ 沖縄本島産

♀ 沖縄本島産

♪ リッリッリッリーリーと歯切れよく透き通った声で鳴く
体のサイズから見ると音量は大きく、美声

- 体 6〜7㎜
- 生 河川敷や池の近くの湿った草地
- 産 イネやカヤツリクサなど草本の茎
- 期 本州では年2化で春と秋。南西諸島ではほぼ1年中

江戸時代から愛されてきた鳴く虫のひとつで、非常に声が良く、上手に飼えばかなり長生きする。

飼 N2 N3 非常に長生きで丈夫。オスの単体飼育なら数ヶ月声を楽しめることがある。

沖縄ではほぼ周年発生で4月頃は特に盛んに鳴いている（4月沖縄本島）

カヤヒバリ ★★
Natula pallidula

♂ 宮古島産

キンヒバリとは見分けがつかないほど酷似するが生息環境と声が違う

♀ 宮古島産

キンヒバリより若干色は薄めな傾向
体つきもやや華奢

♪ ヂィヂィヂィと少しせわしなく、夜はリーリーリーと遅いテンポで少し濁り気味に鳴く
やや単調だが声は良い

- 体 6〜7.3㎜
- 生 河川敷やススキ野原などやや乾き気味の草地
- 産 主にイネ科植物の茎
- 期 本州では年2化で春と秋（関東では秋にはほとんど見ない）南西諸島ではほぼ1年中

乾いた草地に多く、個体数が多い地域の秋の最盛期には灯火に長翅型がかなり来る。

飼 N2 N3 丈夫で長生き。加温しながら飼育すると成長はかなりばらつくが、幼虫で越冬させると成長は均一化する。

南西諸島ではサトウキビ畑でよく見る
（6月宮古列島）

セグロキンヒバリ ★★★
Natula pravdini

♂ 沖縄本島産

カヤヒバリとよく似るが頭と胸が黒い

♀ 西表島産

♪ ヂィヂィヂィーヂィーと早いテンポで鳴くが音量はさほど大きくなく可愛らしい

- 体 5〜7㎜
- 生 明るい湿地やその周辺の湿った草地
- 産 スゲやイネ科植物の茎
- 期 ほぼ1年中

よく日のあたる水辺の草が密集した場所で見るが個体数はあまり多くない。

飼 N2 N3 成虫は丈夫で飼いやすいが、幼虫は水切れに非常に弱い。

♂ 西表島産　長翅型は灯火にもしばしば飛来する

クサヒバリ ★★

Svistella bifasciata

埼玉県産 ♂

埼玉県産 ♀

♪ フィリリリリリリリリリリ・・・・と透明感の
ある声は、古来より愛され続けている美声

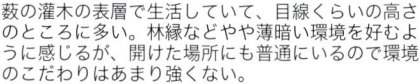

- 体 7～8mm
- 生 林縁の薮や河川敷の薮
- 産 マサキなど灌木の幹
- 期 8月上旬～10月下旬

薮の灌木の表層で生活していて、目線くらいの高さのところに多い。林縁などやや薄暗い環境を好むように感じるが、開けた場所にも普通にいるので環境のこだわりはあまり強くない。
さすがに現代の都市部では見られなくなり『誰もが知ってる種』ではなくなったが、江戸時代にはその美声から鳥のヒバリとかけて草雲雀という名前を与えられ、大変に重宝されていたそう。

飼 P6 N2 N3 丈夫で飼いやすいが、多頭飼育だとオスの疲弊が早まる。長く声を楽しむなら単体飼育が良い。N-5 などの飼い方でフヨウ系の植木を入れて飼えば産卵までは難しくないが、卵の管理が難しいのか、孵化する数は年によってばらつきがあり、ほとんど孵化しないこともよくある。

埼玉県産 ♀

長翅型は灯火にも来るがあまり見かけない

桐捩（きりもじ）

クサヒバリ用の伝統的な飼育箱。マッチ箱ほどの小さいもの。少なくとも100 年以上前の著名な小説家はこの箱でクサヒバリを飼育していてという記述がある。

樹幹に産卵中のメス
産卵後は泥をこねて産卵穴を塞ぐ

明け方によく鳴くことから古くはアサスズとも言われていた（10月埼玉県）

タイワンカヤヒバリ ★★★

Svistella henryi

♪ チリチリチリ・チッチッチッチッと高く鋭く透き通った声で鳴き、乾いた夜はよく響く
室内で聴くと可憐で非常に美しい

- 体 6.4～6.8mm
- 生 トキワススキなどが繁る乾いた高茎草原
- 産 イネ科植物の茎
- 期 1年中

キンヒバリに似るがクサヒバリと近縁。生息地ではよく鳴いているが大型イネ科植物の奥の方で鳴いているので採集は難しく、姿もなかなか見られない。移入種の可能性があり 2000 年前後から声が聴こえるようになった。

飼 N2 N3 飼育はキンヒバリに準じるが、移入種の可能性も考えられている種なので無頓着な取り扱いは推奨しない。

膝の三日月模様が特徴

♂ 沖縄本島産

色はキンヒバリっぽいが
体型はクサヒバリに似る

♀ 沖縄本島産

雌雄共にがっしりしている

マダラスズ ★

Dianemobius nigrofasciatus

雌雄共に小顎髭の先端は黒くなる

東京都産

♀
東京都産

ネッタイマダラスズ ★★

Dianemobius fascipes

無印マダラスズより小柄で6mmを
超えることはない。頭が白いので
見た目の印象は全然違う。

♂
西表島産

♪ 小さな声でジーッ・ジーッ・ジーッと単調に鳴く（地味）

(体) 6.2 ～ 7.4mm

(生) 丈の低いさまざまな草地や疎草地、河原

(産) 生息地の土中や枯れた植物の繊維の中など

(期) 北日本などでは年1化で秋に見られ、西日本では2化となり初夏から秋まで見られる

都市部のちょっとした草地にも普通。シバスズとは混生することもあるが、より裸地や草がまばらな環境を好む。八重山にはよく似たネッタイマダラスズが見られる。

(飼) P1 P3 丈夫。加温飼育だと多化となり殖えすぎるので冬は卵越冬させるのも良い。

カワラスズ ★★★

Dianemobius furumagiensis

♂
宮城県産

マダラスズと似ているが、ひと回り大きく、明らかに肢も長い

雌雄共に小顎髭は白く、翅の付け根も白い

♀
宮城県産

♪ 体のサイズのわりに大きめの声でチリチリチリチリチリと澄んだ声で鳴く　美声

(体) 7.5 ～ 8.5mm

(生) 石がゴロゴロした河原や田舎の線路

(産) 生息地の土中や枯れた植物の繊維の中など

(期) 7月下旬～10月下旬

スズとしては大型で非常に音色が良い。入り組んだ石の隙間や、線路の礫の奥底などにいるので、声はすれど見つけるのはちょっと難しい。

(飼) P3 丈夫で飼いやすいがなるべくゆとりを持って、乾き気味の管理が良い。暖かい飼育下では晩秋に幼虫が孵化してしまうが、不安定で数がまとまらないのでしっかり越冬させた方が安定して飼える。

ハマスズ ★★★

Dianemobius csikii

♂
千葉県産

生息地の砂地と似たような色をしている

♀
鳥取県産

♪ 小さめ声でジーィ・ジーィ・ジーィと地味に鳴く合間に"チョン"とアクセントが入り面白い

(体) 6.5 ～ 7.4mm

(生) 海浜植生の砂地、稀に砂丘や砂地の河原

(産) 生息地の土中や枯れた植物の繊維の中など

(期) 東日本などでは年1化で秋に見られ、温暖な地域は2化となり初夏から秋まで見られる

海岸とは限らないが、自然度の高い砂地のみに見られる。南西諸島の個体は若干小振り

(飼) P3 床材は砂ではなくても問題ない。基本的に丈夫で飼いやすいが多湿と汚れに弱い感があるので清潔を心がける。加温飼育では多化となる。

3匹いる
砂の上にいるとわかりにくい

シバスズ ⭐

Polionemobius mikado

東京都産

♀ 東京都産

ネッタイシバスズ ⭐
Polionemobius taprobanensis
南西諸島における代替種であり
シバスズ同様どこでもいる

♂ 久米島産

♀ 久米島産

オスは判別が難しいがメスは産卵管が
シバスズよりも長い

♪ あまり大きくない声でジーーー・ジーー・と
1声が3秒くらいの間隔で鳴く

- 体 6.1〜6.6mm
- 生 明るく丈の低いさまざまな草地
- 産 生息地の土中や枯れた植物の繊維の中など
- 期 北日本では年1化で秋に見られ、西日本では2化となり初夏から秋まで見られる

日本で最も普通に見られるスズ。マダラスズと混生することもあるが、芝生のような、より密度がある草地を好む。徳之島以南の南西諸島にはよく似たネッタイシバスズが見られる。

飼 P3 丈夫。加温飼育だと多化となり殖えすぎるので冬は卵越冬させるのも良い。

ヒゲシロスズ ⭐⭐

Polionemobius flavoantennalis

♂ 埼玉県産

雌雄共に触角の一部が白いのが特徴

♀ 埼玉県産

♪ フィリリリリリリリリリリリ とクサヒバリに似た雰囲気で美しく鳴くが、やや音量は低く、また少しぼやけ、味わいがある

- 体 6〜6.8mm
- 生 河川敷など明るい草むらだが密集した深い草むらを好む
- 産 生息地の土中や枯れた植物の繊維の中など
- 期 7月下旬〜11月上旬

比較的自然度が良好で深い草むらでよく見る。生息環境は全然違うもののヒメスズとは似た雰囲気があるが、名前の通り触角の一部が白いので間違えることはない。

飼 P5 丈夫で飼いやすいが、オスはちょっと短命か。なるべくゆとりを持って過密を避けると長生きする。

イソスズ ⭐⭐⭐

Thetella elegans

♂ 宮古島産

♀ 宮古島産

メスには翅がない

♪ とても小さな声でジィッ・ジィッ・ジィッと
リズミカルに鳴く

- 体 6.8〜8.4mm
- 生 海岸の岩場や磯
- 産 飼育下では湿らせた水苔の中
- 期 1年中

海浜性のスズ。海岸の岩礁などの岩の隙間に住み、夜間は周辺の砂浜を含む潮間帯を徘徊し海藻など食べる。

飼 P3 成虫を生かすことは難しくないが累代は難しい。この手の海浜性種は衛生状態にうるさく、いかに清潔に飼うががポイント。

イソスズの住む環境
飛沫帯部分の岩の隙間にいる

夜間、潮間帯でアマモを食べる

column
鳴かない鳴く虫 その2（鳴かないヒバリモドキ科の仲間達）

そもそも、ヒバリ（雲雀）という鳥のようにさえずりが美しいことから『ヒバリモドキ』なのですが、実はこの科には鳴かない種が多く含まれます。
日本産43種の内、18種が発音器を持たず、それどころか翅すら無い種も少なくありません。このページではそんな鳴かないヒバリモドキ達の中からいくつかを紹介します。
※ついでに言うと、鳴く種であっても声が地味であることが多く、客観的に綺麗と感じる声で鳴く種はせいぜい10種くらい。名前負けしてるなぁと感じさせる科でもあります。

ウスグモスズ ★
Metiochodes genji

いつのまにか日本で普通に生息している。『おそらく』という前置きがつく外来種。都心でも公園などでよく見かける。原産地もよくわからないが、中国南部ないしは東南アジアのどこか。

キアシヒバリモドキ ★★
Trigonidium japonicum

北海道から九州まで広く分布。いるところにはいるが、鳴かないので目立たない。カヤヒバリと混生してることが多く、特に幼虫はカヤヒバリにそっくりでややこしい。

オキナワヒバリモドキ ★★
Trigonidium pallipes

南西諸島におけるキアシヒバリモドキの代替種。長翅型がよく出現し、コンビニの灯りなどでよく見る。

クロヒバリモドキ ★★
Trigonidium cicindeloides

紀伊半島南部から南西諸島に分布。キアシヒバリモドキに似ていることがあるが、けい節が黒いので一目瞭然。

チャマダラヒバリモドキ ★★★
Trigonidium chamadara

沖縄諸島と奄美諸島でやや局所的に見られる。2001年記載の比較的新しい種。本種を含め鳴かないヒバリモドキは顎髭をドラムのスティックのように使い植物を振動させ、仲間と通信しているような様子が観察されている。

マングローブスズ ★★★
Apteronemobius asahinai

6mm前後で翅はない。南西諸島のマングローブ林に生息し、干潮時に泥の上で活動する。本種もまた何らかの手段で通信をしてるのかもしれない。

ハマコオロギ ★★★★
Taiwanemobius ryukyuensis

10mm前後で翅はない。奄美諸島、沖縄諸島の海岸に分布。飛沫転石帯という南西諸島ではちょっと珍しい海岸のみに生息するため局所的にしか知られていない。

ウスモンナギサスズ ★★★
Caconemobius takarai

13mmほどになりやや大きい。やはり翅はなく鳴かない。関東あたりから南西諸島までの海岸に生息し、夜に波しぶきのかかりそうな護岸などで活動する。
よく似たナギサスズは北海道から奄美までの海岸に生息する。

ダイトウウミコオロギ ★★★★
Caconemobius daitoensis

大東諸島に固有で岩礁海岸で見られる。生息地が限られ結構な珍種だが、ウスモンナギサズにそっくりであまりありがたみがない。

♂ 埼玉県産

♂ 千葉県産

♀ 長翅型 宮古島産

♀ 宮古島産

♂ 奄美大島産

♂ 奄美大島産

♂ 石垣島産

♂ 加計呂麻島産

♂ 千葉県産

♂ 南大東島産

♀ 南大東島産

※写真は原寸の1.5倍の大きさ

カネタタキ科
Mogoplistidae

10mm 前後の小型種が多く、コオロギ類よりも扁平で体は鱗片で覆われている。あまり跳ねようとせずちょこまかと動く種が多い。メスは成虫でも翅がないのが普通。オスも翅は短く発音器としてのみ機能している。

世界には 250 種あまりが知られ、日本には未記載種を含め少なくとも 12 種が知られている。本書では小笠原特産種以外のよく鳴く種を中心に 8 種を紹介する。

写真　アシジマカネタタキ♂　ヒルギカネタタキ♂　イソカネタタキ♀

カネタタキ ★
Ornebius kanetataki

♂ 東京都産
♂ 千葉県産

鱗片がほとんどはげた古い個体

鱗片が全身を覆っている新成虫

♀ 東京都産

オスの新成虫。最盛期にはこういった公園の杭や手すりでもよく見る（9月東京都）

♪ チン・チン・チンと、鉦（かね）を叩くような声で鳴く 野外では鋭く響くが、飼育下ではちょうど心地よい音量 晩秋に気温が下がるとテンポはより遅く哀愁のある鳴き声に

- 体 6.8 〜 11mm
- 生 生け垣や公園の樹木、街路樹林縁の樹上
- 産 樹幹や枝の折れ口
- 期 8 月〜 11 月下旬 南西諸島では 1 年中

北日本では少ないが、関東以西では樹上種としては最も馴染みのある種で、最盛期には都心でもそこら中から鳴き声がする。しかし姿を見るのは少々難しい。ゆえに、昔の人は本種の鳴き声をミノムシが鳴いているものと考えていた。枕草子に登場する「鳴くミノムシ」は本種のことである。
マサキなどニシキギ科やモッコクなど常緑の低木で見かけることが多い。最盛期の夜に沢山の個体が鳴いている木を確認した上で、日中にビーティングで採集するのが効率的。

飼 N2 N3 非常に丈夫で長生きで飼育下では年を越すこともある。繁殖はやや難しい。

イソカネタタキ ★★
Ornebius bimaculatus

♂ 千葉県産

オスの翅に表れる一対の黒点は特徴的でよい識別点になる

♀ 千葉県産

黒く斑点になっているのは鱗片が剥げた部分

♪ 弱い金属音でチチチチチ・・・・またはチリリチリチリ・・・・と早いテンポで鳴く

- 体 11 〜 15mm
- 生 浜辺や海岸、河口付近の草原など
- 産 樹幹や枝の折れ口
- 期 8 月〜 11 月下旬 南西諸島では 1 年中

国産種としては最大級。自然度の高い高茎草原が少なくなり、近年では見かける機会も減ってきている。

飼 N2 N3 非常に丈夫で長生きで、飼育下では多化となりよく殖える。針葉樹の皮などに卵を産ませると孵化率は良い。

アオイ科の葉を食べる終齢幼虫（6月西表島）

リュウキュウカネタタキ ★★★
Ornebius ryukyuensis

♂ 西表島産

♂ 沖縄本島産

鱗片が剥げた老成個体
色合いが全然違う

♀ 西表島産

♪ チン・チン・チ・チチッ・チ・チチッ・チチッ・チチッと鳴き始めはテンポが遅く、途中から 2 音になる 面白い

- 体 11 〜 14mm
- 生 海岸線の灌木上、マングローブ林
- 産 樹幹や枝の折れ口
- 期 6 月下旬〜 12 月上旬

大型で美しい。海岸林やマングローブ林に生息するが、ヒルギカネタタキとは絶妙に住み分けており、本種は陸側に見られる。

飼 N2 N3 非常に丈夫で長生きで、飼育下では多化となりよく殖える。

オヒルギの葉で鳴くオス（9月石垣島）

ヒルギカネタタキ ★★★★

Ornebius fuscicrci

♂ 西表島産

♂ 西表島産

♀ 西表島産

図鑑　カネタタキ科

♪ チン・チン・チンとカネタタキに似るがより
テンポは早く"チ・チ・チ・チ"とも聴こえる美声

- 体 8〜10mm
- 生 マングローブ林
- 産 マングローブの樹幹・樹皮
- 期 6月下旬〜12月上旬

生息環境が特殊で『落ちたら海』というようなマングローブ林のみ見られる。

飼 N2 N3 丈夫で飼いやすいがやや短命か。また飼育下でも多化にはならず繁殖はやや難しい。

生息地（西表島）

フトアシジマカネタタキ ★★★★★

Ectatoderus sp.

♂ 久米島産

♀ 久米島産

♪ チン・チリリリリと澄んだ声で可憐に鳴くが
頻度はさほど多くない　非常に良い声

- 体 10mmほど
- 生 薄暗い林縁の灌木や林内の草本など
- 産 樹幹や枝の折れ口
- 期 8月〜11月（もしかしたら多化かも）

珍しい種であり局所分布で見かける機会は少ない。よく似たアシジマカネタタキは本州から南西諸島全域まで広く分布するが、人の耳に聴こえる周波数では鳴かない。

飼 N2 N3 丈夫で飼いやすくとても長生きするが、繁殖は難しい。

アシジマカネタタキ ★★★

Ectatoderus tamna

♂ 神奈川県産

オスは翅が隠れて見えない
一応鳴くが人の耳には聴こえない周波数で鳴く
また、腹を葉などに押しつけ振動音を発することが知られている

西表島の未記載種 ★★★★

Ectatoderus sp

♂

この他にも隠蔽種はいるかもしれない

オチバカネタタキ ★★★♪

Tubarama iriomotejimana

♂ 宮古島産

♀ 宮古島産

♪ ジ・・ジ・・ジジジと（チッ・・チッ・・チチチッとも聴こえる）音量は小さいがとても可愛らしい声

- 体 5〜6.5mm
- 生 海岸の落ち葉の下
- 産 飼育下では落ち葉の葉柄や枯れ枝
- 期 1年中

生息環境が特殊。海岸や河口の落ち葉が積もった場所に生息する。多化性のようで生息場所では1年中様々なサイズの個体が混生する。

飼 P3 ちょっと難しい感がある。乾燥気味に管理し、かつ水分をいつでも摂取できるようにすると失敗が少ない。

生息地（石垣島）

ケラ科1科で上科を形成し5属70種が世界から知られる。
日本産のケラを含むケラ属は47種からなり、日本には1種のみが分布する。
どの種も似た特徴をしており、筒形で掘削機のような強靭な前肢を持ち、ビロード状の細かい毛で覆われ地中で生活する。

ケラ上科 ケラ科
Gryllotalpidae

ケラ ★★
Gryllotalpa orientalis

沖縄本島産 ♂

沖縄本島産 ♂

宮城県産 ♀

♪ オスはビービーーーーーと長く単調に鳴く
メスはビービービーと短く断続的に鳴く
雌雄共に声はやや大きめで多少離れていてもよく聴こえる

体 30〜35㎜
生 田んぼの畦や田畑など　明るく湿度のある草地の地中
産 地中で繭状の産室を泥で作りその中に産卵
期 1年中成虫は見られるが鳴く時期は4月〜10月

コオロギ亜目に含まれるので広い意味ではコオロギの一員といえる。地中生活に特化した形状は大変特徴的で他に似ている種類はいない。現在、国内からは1種のみが記載されているが隠蔽種がいる可能性がある。よく飛ぶ長翅型と飛翔しない短翅型とがあるが、6月〜9月に羽化する個体は長翅型となり、それ以降の秋から春までに羽化する個体は短翅型となる。長翅型は走光性があり、夏の夜の田んぼの周辺などでは外灯回りでよく見つかる。

飼 P2 P5 何でも食べる雑食性でとても丈夫。伝統的にジャガイモや生の落花生で飼うことが多い。過密であったり餌が少ないと共食いするので広めに飼うとよい。

幼虫

両手を上げて万歳。このポーズが「お手上げ＝なす術なし＝お金がない」のジェスチャーに見えることから、転じて無一文になることを『おけらになる』というようになった

畦などを歩いていると驚いて土から出てきた個体が水に落ちて泳ぐ姿を目にすることがある（4月埼玉県）

キリギリス科

Tettigoniidae

中型から大型で大きな声でよく鳴き、草地や低木上に住む傾向がある。体の色も全体的に緑色をしていることが多い。世界には 239 属 2000 種以上が知られる。

日本からは
キリギリス亜科 22 種（未記載種含む）
ヒサゴクサキリ亜科 3 種
クサキリ亜科 10 種
ササキリ亜科 12 種
ウマオイ亜科 4 種
上記の 5 亜科 51 種が知られ、本書ではよく鳴き目立つ種を中心に 42 種を紹介する。

写真　ヒガシキリギリス♀　クサキリ♀

ヤブキリ ★★
Tettigonia orientalis

♪ 一般的にはシリシリシリシリ・・・・（シリリリリリリ・・・・とも）と長く鳴くか、ジリリッ・ジリリッ・ジリリッと区切って鳴くパターンのどちらかが多いように思うが、地域やタイプによって鳴き方はさまざま

- 体 46〜58mm
- 生 タイプによるが一般的に樹上性
- 産 土の中
- 期 6月〜10月下旬まで見られるが、地域毎に成虫の出現期間はせいぜい2ヶ月間くらいか

夜行性の大型のキリギリスで肉食性が強い。夏の夜には大きなセミや蛾を襲って食べている姿がしばしば見られる。非常に分類が難しく、いくつかの種が混同されることがあり、狭義のヤブキリというのは日本全土に分布しているわけではないようだ。

飼 N1 肉食性が強く、成虫は交尾目的以外は単体飼育が無難。幼虫から飼育する場合はさすがに単体飼育は大変なので多頭飼育が現実的。多少の共食いは致し方ない。

♂ 神奈川県産
狭義のヤブキリ

♀ 神奈川県産
産卵管はまっすぐか微妙に下に曲がる

♀亜終齢幼虫
神奈川県産

黒化した個体

ヤブキリ類は若齢や中齢から飼育した個体が羽化すると黒化する傾向がある。野生下でも黒化個体は見るが一部地域を除いて出現頻度は低い。

♂ 神奈川県産

♀ 埼玉県産

夜の方が見つけやすい（♀7月神奈川県）

成虫は木の上で生活することが多く普段はなかなか見かけないが、幼虫期は個体数も多く花粉を食べている姿をよく見る（5月千葉県）

column

とにかく分類が難しいヤブキリ

　鳴き声は同じ種類の異性を呼ぶための合い言葉であると本書冒頭で記したとおり、『鳴き声が違えば種類も違う』というのはおおむね間違いないように考えています。

ヤブキリの仲間は日本全国で遺伝的に分化していますが、見た目がそっくりで姿だけでは判別が困難です。鳴き声や生態が異なり、別種なのか、地域差なのか、雑種なのか、それとも未知のものなのかが、よくわからないというのが当たり前なのです。それら"よくわからない"同士が、地域毎に複雑に何個体群も入り混じり、混沌とした世界を作っています。

ですが、そんなカオスなヤブキリ種群なので秩序を重んじる分類屋さんが無視するはずもなく、いつの時代も議論の大きな的になっており、さまざまなアプローチで分類と整理を試みられてきました。
日本直翅類学会が発行する学会連絡誌『ばったりぎす』では何十年も前から毎号と言っていいほどヤブキリ類に関する新しい知見と提案が報告され、最近ではその材料にミトコンドリア DNA による分子系統研究も加わりました。今年になって、やっと長いトンネルの出口が見えてきたような・・・・それとも、何かひとつの確固たる指標のようなものが固まってきたような・・・そんな気配がする今日この頃です（私の個人的意見です）。この流れで日本のヤブキリ類がすっきりとキレイに整理される日が来るのも、そう遠い未来の話ではなさそうです。

図鑑　キリギリス科

ナミヤブキリ（8月静岡県）

column

最新ヤブキリ事情

2018年7月現在、日本直翅学会発行『ばったりぎす160号』（2017/12）において、ヤブキリ属の最新の分類は6種群14系統18個体群であると提案が出されました。それを一部転用を交え多少の参考写真と共に簡単に紹介します。

ナミヤブキリ種群

ナミヤブキリ *Tettigonia orientalis*
詳細はP58 ♪関東地方西から四国（連続 - 速鳴き）　岡山個体群（連続―遅鳴き）　兵庫個体群（連続 - 遅鳴き）

イブキヤブキリ種群

イブキヤブキリ *T.ibuki* ♪断続 - 速鳴き
近畿から東北　山地の草原や薮にいる

♂滋賀県産

伊吹山産の個体は野生個体でもやや黒化傾向が強いようだ

♀滋賀県産

トウホクヤブキリ *T.sp.A* ♪断続 - 速鳴き
道南から東北・粟島　平地から山地の草原や薮にいる

♂山形県産

東北地方の樹上個体群

♂粟島産

粟島産は連続 - 速鳴き型
さらに野生個体でもほとんどが黒化型となる

オソナキヤブキリ *T.sp.B* ♪連続 - 遅鳴き
近畿から中国地方　平地から山地の薮や樹上にいる

ヤマヤブキリ種群

ヤマヤブキリ *T.yama* ♪断続 - 速鳴きでジイッ・ジッイ・ジッイもしくは、ジリリッ・ジリリッ・ジリリッと短く切って鳴く
東北地方南部から中国地方　開けた環境の草地にいる。

♂群馬県産

♀群馬県産

ナガナキヤマヤブキリ *T.sp.C*
♪連続 - 速鳴き〜遅鳴きでチキチキチキと聴こえる
　※鳴きの型は産地によって異なる
中部地方から中国地方

♂富山県産

飼育羽化個体につき黒っぽい

キュウシュウヤマヤブキリ *T.sp.D*
♪連続 - 遅鳴き
九州・対馬

♂対馬産

ウスリーヤブキリ種群
ツシマヒメヤブキリ *Tettigonia jungi* ♪ 連続 - 遅鳴き
旧ウスリーヤブキリ
対馬　林縁の薮にいる　2015 年に *T.ussuriana* から独立したのでウスリーヤブキリの名称は合わなくなった

♂　　　　　♀

小型でまるっこい変わりダネ。とにかく可愛い

サツマヤブキリ種群
サツマヤブキリ *T.sp* ♪ 断続 - 遅鳴きでシリシリ・シリシリシリと区切って鳴くそう
九州南部　薮や樹上にいるそう
分子系統では他から初期に分化しているそうで、形態的に区別もできることから独立種群とされた。大型らしい。

コズエヤブキリ種群
ツシマコズエヤブキリ *T.tsushimensis* ♪ 断続 - 遅鳴きで、ジリリ・ジリリ・ジリリと短く区切って鳴く
対馬　強い樹上性

♂　　　　　　　　♀

コズエ種群はどれも艶やかで美しい

シコクコズエヤブキリ *T.sp.F* ♪ 断続 - 遅鳴き
四国　樹上性で基本的に山地性　西南部では海岸部でも見られるらしい

♂

キイコズエヤブキリ *T.sp.G*
♪ 断続 - 遅鳴きでシリ・シリ・シリと鳴き続ける
紀伊半島　樹上性で基本的に山地性　紀伊南部
では海岸部でも見られるらしい

トウカイコズエヤブキリ *T.sp.H*
♪ 断続 - 遅鳴き
愛知・長野・静岡・山梨　樹上性で山地に見られる

アマギコズエヤブキリ *T.sp.I* ♪ 断続 - 遅鳴き
伊豆半島　樹上性で山地性

♂

♀

しびれるほどカッコいい

以上が今日までのヤブキリの知見です。私的にはこれ以上はないと思えるほど、綺麗にまとまってきたと思いますが、まだまだ動きはあるかもしれません。いずれにしても『とにかくヤブキリは難しい』この一言に尽きます。まだどこかに未知の個体群が存在する可能性も。だからこそ楽しいのかもしれません。

ヒガシキリギリス ★★♪

Gampsocleis mikado

♪ ギース、チョン！ギース、チョン！ギース、チョン！大きな声で鳴く
ニシキリギリスよりやや周波数が高い

体 25 〜 40mm
生 開けた草原や河川敷
産 生息地の土中
期 6 月下旬〜 10 月

典型的と考えられるタイプ

♂ 埼玉県産

よく見る色合い

♂ 埼玉県産

こんな感じも多い

誰もが知っている鳴く虫の王様。東日本に生息するキリギリスであり、西日本のニシキリギリスを含めて単にキリギリスとされることもあるが、それぞれをちゃんと区別するのが普通。

その鳴き声から「ギッチョン」と親しみを込めて呼ばれることがあるのはニシキリギリスも同じ。

ヒガシキリギリスは灰褐色や暗色の個体が多く、ぱっと見た感じで緑色の個体は少ない。

また翅も短く、翅端は腹端を超えないことが多い。発音器は大きく丸みを帯び、翅の側面の黒斑は不規則なダンダラ模様になるのが普通。

生息地では暑い日中、元気に鳴く姿が確認できるが、警戒心が強く、近づくと薮の中へ落ちるようにジャンプし、一瞬で姿を消すので意外と採集は難しい。狙うなら昼間鳴いていた場所で夜に探すか、早朝のまだあまり暑くない時間帯が採集しやすい。

幼虫の時期は薮の植物も少なく、また個体数も多く採集しやすいので、幼虫から飼育するのも手。

飼 N1 伝統的な虫籠飼育でも長生きするが、寿命にはかなりの地域差がある。飼育下ではまれに 1 月まで生きることもある。肉食性が強いので繁殖を狙う場合を除いて単独飼育が望ましい。

♀ 埼玉県産

♀亜終齢幼虫
埼玉県産

ときどき見つかる黄色い個体

♂ 千葉県産

緑色の直翅類でときどき見られる現象で、虹色素がないか弱い。そのため、本来なら緑色である部分が鮮やかな黄色になる。このような個体をザンティク (Xentic) と呼ぶ。

暑い日は夜でもよく鳴く（7 月埼玉県）

ヒガシキリギリスのあれこれ

生息環境や産地により様々なタイプや変異があり、まるで別種のような個体群もあるのでこれらを紹介する

山梨南部の緑色で翅が短いタイプ

愛知、紀伊、静岡、南アルプスなど本州中部の太平洋側に集中して見つかるタイプ。非常に翅が短く色彩も美しい。

♂ 山梨県産　　♀ 山梨県産

長野県の高地で見つかっている長翅タイプ

長野西部の標高 1200m で得られる個体群で、翅が長い。腹端より翅が短い個体は見ない。
標高 1000m を超えるくらいの高原地帯でよく見る。飼育下ではより翅の長い長翅型がかなり高頻度で出現する。

♂ 長野県産

この地域では全ての個体がこのように翅が大きい

♀ 長野県産

♂ 長野県産

翅がさらに長く大きい。野生下でも見るが、このような個体は飼育下で羽化させるとより出現頻度が高まる。

藤沢のキリギリス

神奈川県の藤沢市のごく狭い範囲で見つかっているキリギリスで、全体的にニシキリギリスにそっくりだが発音器はヒガシの特徴という変わりダネ。最近では移入混雑個体群だろうと考えられているが、習慣的にフジサワキリギリスと呼ばれている。

♂ 神奈川県産

♀ 神奈川県産

ヤマキリギリス

尾瀬付近など一部の地域で見つかっているタイプ。
翅はやや腹端を超え、前翅側面の黒斑が非常に発達しているのが特徴と言われているが、翅の長さに関してはこの個体群に限った特徴ではなく、むしろ普通の範疇。全体的に配色がシブくカッコいい。

♂ 栃木県産

ニシキリギリス ★★✩

Gampsocleis buergeri

♪ ギース、ギース、チョン！と大きな声で鳴くギースの回数に対してチョン！の回数が少ない傾向

体 29 〜 40mm
生 開けた草原や河川敷
産 生息地の土中
期 6月下旬〜10月

西日本に分布するキリギリス。ヒガシキリギリスより緑色のしっかりした色彩が多く、後肢腿節が長い。翅もヒガシより長く細い傾向にあり、翅側面の黒斑が小さく少ないことでもある程度判別できるが、やはり発音器の形を確認するのが一番わかりやすい。ヒガシキリギリス以上に地域による形態や生態が多様で、特に対馬産や九州南部産は各々変わっている。基本的に普通に生息するのは屋久島までとなるが、トカラ列島の中之島や奄美大島、沖永良部島でも見つかっている。ただし、少なくとも奄美大島では一時的に数匹が見つかっただけにすぎず、また、九州南部の個体と酷似するそうで、トカラ産も含め、本土産の個体が散発的に発生しただけのようである。沖永良部島の個体や状況についてはよくわからない。

飼 N1 伝統的な虫籠飼育でも長生きするが、寿命にはかなりの地域差がある。飼育下では九州産のミナミキリギリスと言われている個体群が非常に長生きをする傾向がある。

よく見る一般的なニシキリギリス

♂ 島根県産

島根県産

4 齢幼虫
鳥取県産

夜にも鳴くが、明るい時間に活動的 (7月山口県産)

ニシキリギリスのあれこれ

生息環境や産地により様々なタイプや変異があり、まるで別種のような個体群もあるのでこれらを紹介する。

近畿の飛び石分布のニシキリギリス

大坂、京都、奈良で見るタイプ。ヒガシと似た雰囲気の個体が多いが一応明確に区別できる。

♂ 奈良県産

♀ 奈良県産

九州中南部のキリギリス（ミナミキリギリス）

大型で翅が短く、九州中南部から屋久島の個体群をミナミキリギリスと区別する場合もある。

♂ 宮崎県産

♂ 宮崎県産

ミナミキリギリス山地タイプ

霧島の標高 1200m ほどの地点で採集された個体。
一応ミナミキリギリスということになるが、やや小型で翅の模様も特徴的。

♂

♀

対馬のキリギリス 2 タイプ

対馬には同島内に明らかに異なる 2 つのタイプのキリギリスが生息し、それぞれは混生しない。
南西部に生息するタイプは対岸の九州本土に生息するタイプとそっくりで、狭義のニシキリギリスと同タイプと言えるが、
対馬中部から上島産の短翅型のタイプは独特でどの系統とも異なる。故に別種の可能性が指摘されており、2006 年に大
図鑑で提唱されているようにツシマキリギリスと明確に区別したほうが色々としっくりくる。

対馬産ニシキリギリス

九州北部のニシキリギリスとよく似ている

♂

♂

対馬の中部〜北部の独特なタイプ（ツシマキリギリス）

やや大型で雑味がなくて美しい個体が多い

♂

♀

どの系統とも異なる翅の型

ハネナガキリギリス ★★
Gampsocleis ussuriensis

道北産

♀ 道東産

♪ ギーッ・チョンと他のキリギリス類と似た鳴き
方だが、"チョン"がなく、ギーッと繰り返すこ
とも多い

🔵体 27 〜 37mm
🟢生 畑や河原などの明るい草地
🔴産 生息地の土中
🟣期 7月下旬〜10月上旬

北海道に広く分布し、個体差と地域差は生じるがお
おむね翅が長いのが特徴。色彩も緑の割合が多く、
写真などではニシやオキナワと似た雰囲気だが、発
音器の形は全く違う。また現物は小柄でかなり華奢。
🔲飼 N1 他のキリギリス類に準じるが若干短命。

オキナワキリギリス ★★★⯪
Gampsocleis ryukyuensis

沖縄諸島産

♂ 本部半島産

♀ 本部半島産

宮古列島産
雌雄共にやや翅は短めで色のメリハリがある

♂

♪ ギーッ・チョンと他のキリギリスと似たように
鳴くが、"ギー"のメロディが長い

🔵体 37 〜 59mm
🟢生 耕作地など明るく乾いた草地
🔴産 生息地の土中
🟣期 5月下旬〜9月下旬

他のキリギリス類に準じるが体が大きいので小さな
ケースでは翅が擦れやすい

🔲飼 N1 沖縄諸島と宮古列島のみに分布する。もと
もと局所的で生息地はあまり多くなく、沖縄本島で
は北部に限られる。宮古島では壊滅的であり辛うじ
て近隣の島に小さな生息地が残る程度である。
沖縄諸島の個体は大型で翅が長くはっきりした緑色
をしている。宮古列島の個体はやや翅が短く、胸部
背面から前肢側面の褐色部分は濃く長い筋状になる
ものが多いが、非常に翅が長い個体も現れることが
あり同産地内の個体差はやや大きい。幼虫も両産地
間でかなり雰囲気が異なる。

宮古列島での生息地は数百㎡と非常に小さい（5月宮古列島）

♀

ツシマフトギス ★★✦
Paratlanticus tsushimensis

雌雄共に腹の色はクリーム色から、
黄色、薄緑などの個体差がある

♂
対馬産

♀
対馬産

♀終齢幼虫
対馬産

♪ ジッ！・ジッ！・ジッ！・ジッ！・・・と大き
な声でしっかりと鳴く

🔵体 33 〜 43mm
🟢生 林縁や周辺の薮や草むら。
🔴産 適当な土中
🟣期 6 月下旬〜 9 月上旬

世界に 4 種が知られるフトギス属で唯一日本で見られる種であり対馬に固有。大型で翅が短く特徴的な姿をしている。対馬では島内全域で普通でシーズン中の夜は路上を歩いてる姿をよく目にする。
キリギリスとは違い主に夜に鳴く。
発生時期が早くオスは 8 月の下旬にはほとんど見かけなくなる（メスは 10 月上旬でも見かけることがある）。

飼 N1 非常に丈夫で飼いやすく飼育下では長生きしやすい。他のキリギリス類と同様に肉食性が強く、特にメスで顕著。

腹側が美しい個体 ♂終齢幼虫（5 月対馬）

カラフトキリギリス ★★★★✦
Decticus verrucivorus

♂緑色型
道東産

♂褐色型
道東産

♀緑色型
道東産

♀褐色型
道東産

♪ ジッ、ジッ。。。 ジッ、ジッ。。。と、中程度の音
量で鳴き、乗ってくると回転が上がりチャキチャキチャキチャキと連続して聴こえる

🔵体 50 〜 54mm
🟢生 海岸線近くの草地や湿性草原
🔴産 生息地の土中
🟣期 8 月〜 9 月上旬

大型で重量感があり日本産のどのキリギリスとも雰囲気が全く異なる。
ヨーロッパから中央アジア、ロシアと非常に広く分布し、1980 年代に北海道にも生息することがわかった。現状ではヨーロッパ産と同種の扱いだが、日本産は産卵管の形状等に違いがあるため別種の可能性が高い。
野生下では早朝に鳴くが、飼育下ではいつでも鳴く。
海岸線のハマナスの群生地に見られハマナスの実を食べることが知られているが、少なくとも成虫は飼育下では何でも食べる。

飼 N1 成虫は何でもよく食べ、比較的丈夫で飼えなくもないが、幼虫の飼育はとんでもなく難しく累代は今のところ現実的ではない。

初齢幼虫
道東産

ヒメギス ★★

Eobiana engelhardti

緑色型

♂ 埼玉県産

翅の先端が尖るのはヒメギス類で本種だけ

褐色型

♀ 埼玉県産

長翅型 平地でも出現することはあるが多くはない

♂ 埼玉県産

条件はよくわからないが標高が高いと出現頻度が上がるようだ

♪ シリリリリリリリ・シリリリリリリリと中程度の音量でハッキリと鳴く

🔵体 17〜27mm

🟢生 平地から高山帯までの湿った草地　湿地や田んぼの周辺

🟠産 主にイネ科植物の根際など

🟢期 6月〜10月 標高が高いほど発生は遅い

ヒメギスの仲間はどれもよく似ていて少なくとも8種（未記載種を含む）が知られているが、平地や人里付近などで普通に見かけるのはほとんど本種。よく似た近似種については右ページを参照。

🔴飼 P6 N1 N2 N3 多少の肉食性があり、脱皮中の個体は被害にあうことがある、またメスは捕食性が強まる傾向にあるが、飽食状態の維持を心がけて飼育すれば、事故はかなり軽減し多頭飼いも十分に可能（覚悟は必要だが）。
植物の根際などに産卵するが、こだわりが弱く、餌野菜の葉肉や芯、湿らせた水苔、ネットケージの縫い目など結構適当なところに産卵してしまうことがある。

幼虫は真っ黒な個体が多い（7月群馬県）

夜露でびしょぬれだが一生懸命鳴いている（8月）

コバネヒメギス ★★

Chizuella bonneti

♂ 埼玉県産

雌雄ともに地味

♀ 山形県産

長翅型は非常に珍しい
★5個以上のド珍品

♀ 滋賀県産

♀ 対馬産

対馬産は背面が赤褐色でツヤがあることが多く雰囲気が異なる

♪ チ、チ、チ、チチッ。チチッと小さめの音で鳴くが、野外ではちょっと聴き取り難いことがある

🔵体 15〜26mm

🟢生 河川敷などの草地でやや乾いたところを好む

🟠産 主に植物の根際など

🟢期 6月〜10月

生えてないように見えるほど翅が短い。1属1種が日本に広く分布しているが、ヒメギス属とは非常に近縁で実は同属が妥当なのかもしれない。

🔴飼 P6 N1 N2 N3 飼育や食性はヒメギスに準じるが、ヒメギスほどは産卵場所に無頓着ではなく、もう少し場所を選んでいるようだ。

腹が緑なので混生するヒメギスとは一目瞭然（5月埼玉県）

ヒメギス色々

ヒメギスとよく似た種は日本ではとりあえず8種ほど（未記載種を含む）が認知されているが、この他にも変わった特徴のある個体群がいくつも知られていて未知の種もまだ出てきそうだ。

ただヒメギス以外のヒメギス属は、北海道ではイブキヒメギスが平地でも見られることもあるものの、基本的に全ての種は山手の生息であり、特に亜高山帯で固有化している。

エゾヒメギス ●
Eobiana sp.

謎めいたヒメギス。北海道の浮島湿原のみで見つかっていてイブキヒメギスに似た部分も多い。声はイブキに似ているがややテンポは遅い気もする。

♂緑色型　　♀褐色型

無印ヒメギス以外は翅端が丸い

●トウホクヒメギス
Eobiana gradiella

岩手県の八幡平のみから知られる謎の多い種。
声は聴いたことがない。

ハラミドリヒメギス ●
Eobiana nagashimai

腹が鮮やかな黄色〜緑をしており非常に美しい。越後山脈沿いに細く分布しており、南、中部、北部で3亜種からなる。
ジッ・ジッ・ジッっと1秒に3回弱のテンポでやや弱い声で鳴く。写真は基亜種。

♀
新潟県産

♂
新潟県産

名前の通り、雌雄共に腹は緑色か黄緑色をしている

バンダイヒメギス
Eobiana sp.

磐梯山を中心に東北南部から関東北部の山地に分布。後肢の膝の棘の有無が判別のポイントだが、産地で判断するのが手っ取り早い。ジュリ・ジュリ・ジュリと1秒間に2回強のテンポで鳴く。

♂褐色型
栃木県産

ヒョウノセンヒメギス ●
Eobiana sp.

鳥取大山、兵庫扇ノ山、氷ノ山など近畿北部から中国山地の東側に分布するヒメギス。
シリリ・シリリ・シリリと他の近縁種とはハッキリと違うテンポで鳴く。

ミヤマヒメギス
Eobiana nippomontana

主に関東の山地に分布。バンダイヒメギスとよく似ているが膝の棘がないか微小。鳴き声もよく似ているが、比べるとバンダイの方が少し高音か。

イブキヒメギス ●
Eobiana japonica

北海道から本州の山地から亜高山帯に広く見られるが、複数種を含む可能性がある。タイプ産地は北海道なのに名前は伊吹山を冠してる。
ジッ・ジッ・ジッ・ジッっと1秒間に3回程度のテンポで鳴く。

♂褐色型
滋賀県産

♀褐色型
滋賀県産

♂褐色型
山梨県産

♀緑色型
群馬県産

ヒサゴクサキリ ★★★
Palaeoagraecia lutea

ここの模様が瓢（ヒサゴ）のように
見えるのが名前の由来

♂ 神奈川県産

♀ 神奈川県産

独特な顔をしている

♪ ジチッ・・スチッ・チッ・チッとあまり大きく
ない声で地味に鳴く
慣れないとちょっと聴き取りづらい

🔵体 41 〜 52mm
🟢生 大河川や沿岸近くの竹やぶ
🔴産 メダケやマダケの葉鞘の隙間
🟣期 7月下旬〜9月

生息環境が特殊。九州から沖縄諸島にかけては近縁
のオキナワヒサゴクサキリが分布する。

🔶飼 P6 N2 N3 メスなら多少の果物を食べる個体も
いるが、ほとんどの個体は竹、笹しか食べないので
餌が大変。繁殖も難しい。

オキナワヒサゴクサキリ ★★★
Palaeoagraecia ascenda

♀ 久米島産

無印ヒサゴクサキリに
比べかなり大柄

カヤキリ ★★★
Pseudorhynchus japonicus

鳴いている

♂ 千葉県産

緑色型の個体が多い

♀ 石川県産

褐色系の個体もちらほら出現する

♪ いきなりトップギアでジャーーーと大音量かつ
高い音で鳴く

🔵体 63 〜 68mm
🟢生 平地から低産地の高茎草原
🔴産 ススキなど大型のイネ科植物の葉鞘の隙間
🟣期 7月中旬〜9月

国産種としては最大級。自然度の高い高茎草原が少
なくなり近年では見かける機会が減ってきている。

🔶飼 P6 N2 N3 メスなど一部個体はリンゴ等を食す
こともあるが、原則的にイネ科植物しか食べない。
しかしヤングコーンが嗜好性が高く日持ちも良いの
で、これを与えることによりかなり飼いやすくなる。
飼育下ではそこまで高頻度ではないが、かなりやか
ましい。昼間に鳴くこともあるが明るいところでは
鳴きが悪くなるので、うるさい時は灯りの下などに
置くとよい。

シブイロカヤキリ ★★
Xestophrys javanicus

♂ 埼玉県産

褐色型しか知られていない

♪ ジャーーーとやや低めでしゃがれた声で鳴く
個人的にはクビキリギスほどうるさく感じない

🔵体 36 〜 46mm
🟢生 平地の高茎草原
🔴産 特に河原や造成地などの撹乱された環境
🟣期 イネ科植物の葉鞘や茎の隙間や根際
　　成虫越冬で4月下旬から7月くらいまで鳴く

体は太短く肢も短い。積極的に跳ねず葉の上をもそ
もそ歩いている姿が観察できる。奄美以南には近
縁のオキナワシブイロカヤキリが分布する。

🔶飼 P6 N2 N3 食性はイネ科とは限らないが、やは
りイネ科植物の穂が好物。そのためヤングコーンが
十分な代用食になる。

オキナワシブイロカヤキリ ★★★
Xestophrys platynotus

♀ 埼玉県産

顔

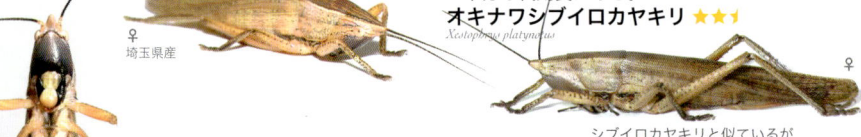

♀

シブイロカヤキリと似ているが
非常に大型で70mmほどの個体もいる

クビキリギス ★✦
Euconocephalus thunbergi

♂褐色型
東京都産

雌雄共に翅の先端は丸い

♀緑色型
東京都産

ふつう産卵管は翅端に全く及ばない

顔は尖り特徴的
宮古島♀

♪「ビーーーーー」と電柱の変電器から聴こえそうな音で鳴く 音量は大きいがかなり高音なので人によっては聴き取りづらい

体 50 〜 57㎜
生 さまざまな環境の明るい草地
産 イネ科植物の葉鞘の中
期 本土では 3 月下旬〜 7 月中旬、秋に羽化して
そのまま越冬する
南西諸島では何となく 1 年中いる

ちょっとした草地や公園であれば都市部にも普通にいる。桜が満開の頃から鳴き始める先駆け的な鳴く虫。秋に羽化した個体もたまに 11 月頃に鳴くことがある。イネ科植物の堅いタネを食べるため顎は大きく頑丈な作りになっている。

飼 P6 N2 N3 イネ科植物の穂が主食で野菜類や動物質の餌はあまり食べない個体がいるので、エノコログサなどの新鮮なイネ科植物を与える。粟（あわ）や稗（ヒエ）など鳥の餌もよく食べるので利用すると良い。

オガサワラクビキリギス
南西諸島 ★✦
本土 ★★★★
Euconocephalus pallidus

色が妙に濃い個体

♂
久米島産

翅端は雌雄共によく尖る

♀褐色型
石垣島産

写真で見えないが、産卵管はやや長く
クビキリギスのそれより翅端に近づく

♪ ビーーーーーとクビキリギスと似た声で鳴くが、やや図太く力強く聴き取りやすい

体 53 〜 64㎜
生 さまざまな環境の明るい草地
産 イネ科植物の葉鞘の中
期 本土では 3 月中旬から 7 月頃までとほぼクビキリギスに準ずるが、主な生息地の南西諸島ではピークがよくわからずダラダラと1年中見られる

クビキリギスとは姿も生態もよく似る。南西諸島では特に混生することも多くややこしいが、本土では滅多に見かけないのであまり悩むことはない。

飼 P6 N2 N3 クビキリギスに準ずる。

ズトガリクビキリ ★★★✦
Pyrgocorypha subulata

♀
沖縄本島産

♀
沖縄本島産

前肢と触角は濃い黄色でよく目立つ

頭部はかなり鋭く尖る

♪ ジッジッジッジッジッジッ・・・・（ジンジンジンジンとも聴こえる）と大きな声で連続して鳴く

体 64 〜 69㎜
生 タケ類の茂る薮
産 よくわからない
期 4 月〜 7 月上旬

大型で重量感がある。タケに強く依存し、リュウキュウチクやホウライチクの茂みに見られ、夜になるとタケの高位置で鳴く姿が観察されている。珍しいが声は大きく特徴的なので生息地は見つけやすい。ズトガリクビキリの仲間はアジアを中心に 14 種ほどが知られているが、日本産は比較的最近になって生息が確認された本種1種のみ。

飼 P6 N2 N3 体力がありとても丈夫だが、タケの若い葉や茎（新鮮なもの）以外はほとんど食べず餌が大変。個体によってはリンゴなども少しは食べる。

オオクサキリ ★★★★
Ruspolia tanii

♪ 大きめの音量でチャキチャキチャキと鋭く高い声で鳴くが、より高速テンポで「ジュワーーー」と聴こえるバージョンと、かなりスローテンポで「ジュワジュワジュワ」と聴こえるパターンがある

🔵体 38〜53mm
🟢生 河口付近の草地や湿地のアシ原、九州産では高原の高茎草原
🔴産 イネ科植物の茎や草鞘や根際
🟠期 7月下旬〜9月上旬

鳴き声は標準テンポ、高速テンポ、スローテンポの3型ある。最初は地域差による方言のようなものと思っていたが、同産地の同じ日でも3種の声が聴こえるので、地域性はあまり関係なさそう。
クサキリ類の中では例外的に声が良く、100年ほど前に東京の虫売りで売られていた『山日暮』という鳴き虫はオオクサキリであったという説がある。本種は局所分布で非常に珍しい種であるため、『山日暮』はカヤキリであったという考えが一般的なようだが、少なくとも40〜50年前は板橋区荒川、大田区多摩川でも本種と思われる個体が採集された記述があり、100年前の東京ならばより普通に生息していたのかもしれない。何より音色の美しい本種には商品価値があり、昔の人に重宝されていた可能性は大いにある。
現代では生息環境が限られ、とても珍しい種のひとつであるが、独特で大きな鳴き声なので産地を知っていれば探しやすい。

🟤飼 P6 N2 N3 丈夫で飼いやすいが、イネ科植物の穂が好物でそれ以外はあまり食べない。主食にベビーコーンを与えると良い。

♂埼玉県産
体はがっしりしている

♀
埼玉県産

♀
埼玉県産
黄色い個体
緑色型以外はあまり多くない

生態はカヤキリにそっくりで高茎イネ科草本の高い場所で見られる（7月埼玉県）

ヒメクサキリ ★★
Ruspolia jezoensis

♪ ジッジッと前奏のあとジーーーーーーーーーと連続的に中程度の音量で鳴く

🔵体 32〜48mm
🟢生 西日本では山地性で沢付近の草むらなど北へ行くほど平地でも普通林縁や笹薮に多い
🔴産 イネ科植物の草鞘や根際
🟠期 8月中旬〜11月上旬

寒冷地に多く、北海道や信州などでは水田や畑でも見られるものの、普通は林縁の薮に多い。

🟤飼 P6 N2 N3 丈夫だがイネ科植物の茎や穂、笹の若い葉を好む傾向がある。ヤングコーンも食べる。

♂褐色型
埼玉県産

♀緑色型
東京都産

クサキリ ★
Ruspolia lineosa

♂褐色型
伊豆半島産

♪前奏はなく、突然ジーーーーーーーーと連続的に鳴く やや大きめの声だが地味

- 体 37 〜 47mm
- 生 土手、河原、耕作地など開けた場所の丈の低い草地
- 産 イネ科植物の草鞘や根際
- 期 8月中旬〜11月上旬

バッタのような体型をしたキリギリスの仲間。まれにクビキリギスと混同されるが、頭部先端は明らかに丸い。ヒメクサキリに対してやや暖地性であり、北日本や寒冷地に行くほど見なくなる。また温暖な地域ほど褐色型の頻度が上がり、場所によっては半数以上が褐色型になることもある。

飼 P6 N2 N3 丈夫だがイネ科植物の茎や穂、笹の若い葉を好み餌が大変。ヤングコーンも食べる。

♂緑色型 終齢
埼玉県産

ある程度加齢した幼虫はけい節が黒くなる個体も多いが、終齢でも黒くならない個体もいる

♀
東京都産

肩は通常単一色に近い色合い

♀
伊豆半島産

地面からそれほど高くない所で鳴く（7月埼玉県）

---

column
クサキリ属3種見分け方

クサキリ属はそれぞれ雰囲気が似ており、特にヒメクサキリとオオクサキリは産地や個体群によっては判別が難しく感じるかもしれません。しかしクサキリ3種の識別材料は意外と多いので、その主なポイントを種別に説明します。

クサキリ
北日本を除く本土全域の明るい草地で最も普通。8月上旬から鳴きがピークは下旬でオオクサキリより半月ほど遅い。オオクサキリとは混生することがあるが、地面近くにいることが普通。

ヒメクサキリ
北日本に多く、関東以西では山手にみられる。8月上旬から鳴きがピークは下旬でオオクサキリより半月ほど遅い。やや変異が大きく必ずしも形態は一致せず産地によってはオオクサキリに似る場合と無印クサキリに似る場合とがある。

オオクサキリ
分布域が局所的でごく一部の地域の人を除いて普通は見かけることはない。7月中旬から鳴きピークは8月上旬頃で他の2種より早い。高茎イネ科植物の頂部でよく鳴きこういった生態は他のクサキリ類よりもカヤキリに似る。

頭部先端は丸みを帯びる
肩の線は不明瞭かない
翅の先は尖らない
産卵管は黒みが強く短め
腿節内側の棘は多くよく発達する
けい節は黒いのが普通

黄色い線は変異があるが、基本的にある程度目立つ。平地で見られる大型で黄色線の目立つ個体はオオクサキリ似ることがある
腿節内側の棘の発達は弱い
けい節は黒くならない
翅の先は鋭く尖る
頭部先端もよく尖る

明瞭で顕著な線が見られる
翅の先は尖る
産卵管は他の2種より長い オスの発音器の幅は他の2種より遥かに幅広で立派
けい節は通常黒くならないが、クサキリのように黒くなる個体もいる

以上、識別点は個体差もあり、それ単体では差が不明瞭なこともあるので複合的に比較するのがおすすめです。モデルはメスの緑色型で統一しましたが、オスや褐色型でもポイントは同じです。

カスミササキリ ★★★★★
Orchelimum kasumigauraense

♂褐色型
宮城県産

翅は短くかなりゴツい体格

♂緑色型
宮城県産

♪とても小さい声でシリリリリリリ・・・・と鳴く
　野外ではよほど意識しないと聴き取れないほど

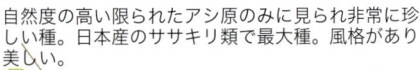

- 体 20 ～ 24mm
- 生 河原のアシ原
- 産 アシ類の茎
- 期 7月下旬～ 9月

自然度の高い限られたアシ原のみに見られ非常に珍しい種。日本産のササキリ類で最大種。風格があり美しい。

飼 P6 N2 N3 ちょっと難しい感がある。幼虫は比較的なんでも食べ、ある程度の肉食性もある。成虫はアシ類の穂ばかりを食べるようになる。

♀
宮城県産

産卵管は大きくカーブする

ホシササキリ ★☆
Conocephalus maculatus

♂褐色型
神奈川県産

♂緑色型
沖縄本島産

翅側面に見られる細かい黒斑が
"ホシ"ササキリの由来

♀緑色型
埼玉県産

♪ぢー・ぢー・ぢーと低く控えめに区切って鳴く

- 体 13 ～ 17mm
- 生 乾いた明るい草地
- 産 イネ科植物の草鞘の隙間
- 期 東北などでは年1化で秋に見られ、
　　西日本では2化となり初夏から秋に見られる
　　南西諸島では1年中

北日本では少ない感があるが、ササキリ類の最普通種のひとつで北海道を除いた全国の乾いた草原などでよく見かける。

飼 P6 N2 N3 丈の低いイネ科植物の穂を好むが、飼育下では白菜など何でも食べるので餌は楽。

幼虫は白線がよく目立つ（6月茨城県）

オナガササキリ ★★
Conocephalus exemptus

♂緑色型
神奈川県産

♀緑色型
神奈川県産

メスは非常に産卵管が長い

♂褐色型
神奈川県産

♪ジリリッ・ジリリッ・ジリリッ（ジリ・ジリ・ジリとも聴こえる）としっかりとしたアクセントで鳴く

- 体 15 ～ 21mm
- 生 河川敷などの明るい草地
- 産 イネ科植物の草鞘の隙間
- 期 7月末～ 10月下旬

ホシササキリと並びよく見かけるササキリ。丈の低い草地に点在するススキやメヒシバなど、高さがあるイネ科植物でよく見る。

飼 P6 N2 N3 メヒシバなどやや背の高いイネ科植物の穂を好むが飼育下では白菜など何でも食べる。

メヒシバが大好き（8月埼玉県）

ウスイロササキリ ★★
Conocephalus chinensis

♪ヂリリリリリ・・・・（ツルツルツル・・・とも
聴こえる）と1声が10秒以上と長い
これを繰り返す

体 13〜18mm
生 乾いた草地でも見ることもあるが、
湿地、田んぼの畦の湿った草地で普通
産 イネ科植物の草鞘の隙間
期 北日本では年1化で秋に見られ、
西日本では2化となり初夏から秋に見られる

冷涼な地域で勢力的で、北日本ではホシササキリに
かわり最も一般的なササキリとなる。
飼 P6 N2 N3 丈の低いイネ科植物の穂を好むが、
飼育下では白菜など何でも食べるので餌は楽。

♂緑色型
長野県産

細長くスタイリッシュ

♀緑色型
千葉県産

産卵管はとても短い

♀褐色型 短翅型
神奈川県産

褐色型は多くない

コバネササキリ ★★★
Conocephalus japonicus

♪あまり大きくない声でジジジジ。。。。ジジジジ
ジ。。。と4〜5声の鳴きを4秒くらいの間隔で
鳴く　地味

体 13〜20mm
生 河川敷、湿地の回りなどの草地
産 イネ科植物の草鞘の隙間
期 8月上旬〜10月下旬

関東以北ではまだ見つけやすいが西日本では少な
い。特に九州や四国ではまれ。
飼 P6 N2 N3 丈の低いイネ科植物の穂を好むが、
飼育下では白菜など何でも食べるので餌は楽。

♂褐色型
埼玉県産

それほど翅が短い
わけではない

♂褐色型
埼玉県産

長翅型もよく出る

♀緑色型
埼玉県産

産卵管はオナガササキリ
に次いで長い

ヤブガラシの花を食べるオス（8月埼玉県）

イズササキリ ★★★★★
Conocephalus halophilus

♪とても小さな声でジィ・ジィ・ジィと地味に鳴く
高音で聴き取りづらい

体 17〜20mm
生 感潮河川のアシ原やマングローブの
低木
産 飼育下ではイネ科植物（アイアシ）の草鞘に産卵した
期 7月〜9月

自然度の高い感潮域でしか見つかっておらず、現在
までに数えるほどの生息地しか知られていない。鳴
き声も聴き取りづらく採集は難しい。
飼 P6 N2 N3 イネ科植物、特にアシ類の穂をよく
食べるがその他の野菜などは好んで食べない印象が
ある。

♂褐色型
千葉県産

ウスイロササキリに似た雰囲気だが体型は
がっしりしている

♀緑色型
千葉県産

♀褐色型
千葉県産

アイアシの穂を食べるメス（8月千葉県）

ササキリ ★★
Conocephalus melaenus

♪ ジギ・ジギ・ジギ・ジギと連続して、中程度の音量でハッキリした声で鳴く

（体）12〜17mm
（生）林縁や疎林内の下草
（産）笹類やイネ類の茎
（期）8月上旬〜11月上旬　南西諸島では波があるが何となく1年中見られる

開けた環境では見られず薄暗い森に見られる。特に、ササクサやササ類が多い場所環境を好む。昼も夜も鳴くがやはり夜のほうが盛ん。南西諸島産とは生態・形態に多少の違いがある。

（飼）**P6 N2 N3** 何でも食べ比較的丈夫で飼いやすい。

♂
埼玉県産

♀黄色個体
埼玉県産

埼玉県産

地域により結構見つかる

初齢幼虫
埼玉県産

2齢幼虫
埼玉県産

♂
西表島産

幼虫は若い個体ほど赤い

南西諸島の個体は頭部の白線が太く明瞭で、四肢の模様パターン等にも差異があり雰囲気はかなり異なる

3齢幼虫
奄美大島産

幼虫も南西諸島産は本州産とは違い胸も真っ赤

薄暗い藪にいる（6月西表島）

フタツトゲササキリ ★★★
Conocephalus bambusanus

♪ ジジジジジジ。。。。ジジジジ。。。。4〜5声を数秒間隔で鳴く　高音でやや聴き取りづらい

（体）17〜20mm
（生）薄暗い竹薮とその周辺
（産）飼育下で竹の柔らかい茎に産卵したことがある
（期）8月上旬〜10月下旬

竹に依存しており、西日本の竹薮では普通。特にメダケやマダケの薮でよく見られる。
長翅型は走光性がありよく飛翔するため、竹薮から離れた場所で見つかることもある。また灯火で得られることもある。東南アジアから連続的に分布しており、移入種である可能性が高いように思うが、もともと目立たない虫であったことから、在来だが発見が遅れただけとの指摘もある。いずれにしても温暖化に伴った分布域の北上が進んでいるのは確かなようで、関東地方でも見かける機会は増えてきた。

（飼）**P6 N2 N3** 体力があり丈夫だが、ほとんど竹類笹類の柔らかい葉や芽しか食べない個体もいる。リンゴ等も多少は食べるが基本的に餌が大変。

♂
神奈川県産

体型はササキリに似る

♀
神奈川県産

個体差があり色合いは様々

♀終齢幼虫
神奈川県産

幼虫も色合いの個体差は激しい

竹の茎を食べる幼虫（8月神奈川県）

鳴くオス。ほぼ完全に竹に依存している（9月神奈川県）

column
まるで別種のような同種内での翅多型

本書でも度々登場する単語に、『長翅型』というものがありますが、これは読んで字のごとく翅が長いタイプの個体のことを指します。同じ種類であっても、個体によって明らかに翅の長さが異なる型があり、標準の翅の長さに対し、明確に大きいのを長翅型。その逆に小さいのを短翅型といいます。種によっては亜長翅型たる中間的な個体も出現することもあります。

これは直翅類に限ったことではなく、いくつかの昆虫群に見られる現象で、同一種内において翅に関する形態的差が明確に生じることを翅多型（はねたけい）といいます。もともと翅がない種類に対し、翅が生える型が現れるケースもあり、この場合は有翅型と呼びますが、こういったケースも翅多型といいます。
直翅類に関していえば、翅多型は、飛翔しない標準型の個体に対し、飛翔力のある長翅型が何らかの条件で出現する、といった場合がほとんどです。なぜ同種内の同じ個体群の中で飛べる個体とそうでない個体が生まれるのかというと、状況により移動力の高い個体が出現することによる分布の拡大、または新天地への移動が目的なのです。
例えば、コオロギ類、ヒバリモドキ類の翅多型は概日リズムが大きく影響しているようで、ある時期には長翅型が出現し分布の拡大を図るようです。
キリギリス科は、生息地の個体密度も大きく関係しているようで、特に翅多型の現象が目立つササキリ亜科もその例外ではないようです。このタイプは、ある生息地において、個体密度が上がりすぎると、長翅型が出現し、一部の個体が新天地へ移動、拡散するという任務を科せられます。

飛翔力があるといってもチョウやトンボのような高性能なものではなく、ある種『風任せ』的な要素が強く、無事にたどり着いた先で繁殖し、定着できる可能性はほとんどなく、だいたいの個体が無駄死にに終わっているのだと思いますが、彼ら長翅型は種の存命には欠かせないパイオニアなのです。

環境への依存性が高めであることが多いササキリ類ですが、依存度の高い種は、そこに住めば都で環境が安定している限り個体群も安定するものですが、干つ、洪水等ちょっとのきっかけで壊滅してしまうような危うさも秘めています。ゆえに小さい範囲の中で沢山殖えて、個体数が安定したら、果敢に新天地を目指す。という生き方になったのでしょう。

ウスイロササキリ

♀長翅型　　　　　　　　　　♀通常型

見た目の差は少ないが長翅型もよく出現し、長翅型は灯火にもよく来る

コバネササキリ

♂長翅型　　　　　　　　　　♂通常型

写真の通常型よりもさらに翅の短い個体もいて長翅型との差が著しい。
本種の長翅型はよく見かけるが、私自身は灯火で見たことはない

ホシササキリ

♀長翅型　　　　　　　　　　♀通常型

長翅型はよく灯火に飛来するが、通常型を灯火で見たことはない

アシグロウマオイ ★★★
Hexacentrus fuscipes

♂成
久米島産

けい節は真っ黒

♀成
久米島産

褐色型しか知られていないが、腹の色は緑の
個体とそうでない個体がいる

♪ やや高めの音で"ギッギッギッ・・・・"と鳴き
始めはせわしなく、突然ギュルルルル・・・・
と長く、大音量で鳴く。個性的で面白い。

小笠原にも分布

体 38〜53mm
生 ススキ野原、サトウキビ畑など丈のある草地
産 土中だが草本の根際を好む
期 7月上旬〜10月上旬

オスは翅がドーム状に膨らんでいて見た目が独特。
声が大きいのでシーズン中は生息の確認は容易だが、
薮の深くで鳴いているので採集は少々難しい。

飼 P6 N1 N2 N3 肉食性が強く交尾等の目的がな
い限り常に単独が望ましい。リンゴ等も食べるがミ
ルワームなどを主食にすると良い。

高茎イネ科草本の奥で鳴いている

タイワンウマオイ ★★♪
Hexacentrus unicolor

♂
与那国島産

体はがっしりしている

♀
与那国島産

♪ シッチョ、シッチョとハタケノよりも早いテン
ポでせわしなく鳴く

体 50mm前後
生 マント群落、林縁などやや薄暗い草地から畑の
近くの薮など明るい草地にも
産 土中だが草本の根際を好む
期 5月下旬〜10月上旬

他のウマオイと似ているが基本的に分布は重ならない
ので間違うことはないが、本土のウマオイより明
らかに大型で重量感がある。

飼 P6 N1 N2 N3 丈夫で飼いやすい。食性や単体
飼育が望ましい点はウマオイ類全てに共通。

この部分の暗色部が
目立ち角張って見える

ハヤシノウマオイ ★★
Hexacentrus hareyamai

♂
埼玉県産

♀
埼玉県産

翅付け根部分に黒い縁取が明瞭なので
メスでもハタケノとは区別がつく

♪ スウィ〜〜〜ッチョン・スウィ〜〜〜ッチョン
と1声を長く繰り返しややかなりの高音が含
まれ年齢によっては聴き取り難い
個性的で面白い

体 25〜45mm
生 マント群落、林縁などやや薄暗い草地
産 土中だが草本の根際を好む
期 7月上旬〜10月下旬

ハタケノとは酷似ているが声は明らかに異なる。好
む環境に差があるが、場所によっては混生すること
もあり紛らわしい。
土地柄もあるかもしれないが、ハタケノよりは人里
でも普通でより見つけやすい。

飼 P6 N1 N2 N3 丈夫で飼いやすい。食性や単体
飼育が望ましい点はウマオイ類全てに共通。

発音器は部分的に色が濃く色の
メリハリがしっかりしている

ハタケノウマオイ ★★

Hexacentrus japonicus

♪ シッーチョ・シッーチョと速いテンポで繰り返し鳴く（民謡では、スイッチョンと聴きなしされる）個性的でとても面白い

- 体 30 ～ 45㎜
- 生 畑や河川敷など明るい草地
- 産 土中だが草本の根際を好む
- 期 7 月下旬～ 10 月下旬

民謡で歌われている、よく知られた鳴く虫。『馬追い』が飼い馬を追う時の『すいっちょ』というかけ声が和名の由来。声は大きくわかりやすいのでシーズン中は見つけやすい。分布が飛び石して奄美大島で本種によく似たウマオイが見つかっているが、本当にハタケノかはよくわからない。

飼 P6 N1 N2 N3 丈夫で飼いやすい。食性や単体飼育が望ましい点はウマオイ類全てに共通。

♂ 山梨県産

♀ 山梨県産

翅付け根部分に黒い縁取りがなく、茶色で均一

発音器の褐色部分がハヤシノより薄く全体的に均一な色

黄色の個体

♂ 山梨県産

地域差はあるがハタケノではまれに黄色型（ザンティック）が見つかる

奄美大島産のハタケノのようなウマオイ

♂

発音器以外の特徴はタイワンに似ているが発音器だけはハタケノと酷似する

column
鳴く虫屈指のハンター

キリギリス科の食性を見てみると、ヒサゴクサキリのようにほぼ竹類の新芽しか食べない種や、特定のイネ科植物の穂ばかり食べる偏食なササキリ類がいる一方、ヒメギス類のように小さなバッタなどの昆虫から草やタネなど範囲の広い雑食の種もいます。キリギリスやヤブキリも雑食ですがより肉食性が強く、イモムシやカマキリなども普通に捕食します。そして、ウマオイ類はさらに肉食性が強く、多少の樹液なども飲みますが、ほぼ完全な捕食者といえます。

このように科という狭いグループにも関わらず種毎に餌は様々ですが、キリギリス科の中で肉食なのか草食なのかを見分ける大きなポイントがあります。それは、前肢の棘状のスパイクの有無と発達の度合いです。このスパイクは獲物をがっちりと拘束するのに役立ち、捕食性が高い種ほど顕著になります。

ヤブキリなどは体が大きく力もあるのでセミなどを捉えることもよくあり、かなりアグレッシブな印象がありますが、果物や若葉も食べる肉食寄りの雑食といえます。ウマオイは体が細くあまり大きな獲物を捉えるのは苦手ですが、ほぼ完全な捕食性でありイモムシや蛾など高頻度で捕食しています。

草食種の印象が強いササキリ類でも、よく見るとササキリとカスミササキリは比較的目立ったスパイクがあります。ちゃんと法則通りに、ササキリは雑食性ですがウンカのような小さな昆虫を捕食することもあります。カスミササキリは成虫では偏食になりますが、幼虫期はある程度の肉食性があることが観察されています。
このように、前肢のスパイクの発達度合いを見れば、その種の捕食性や肉食性が判断できるのです。ご参考まで。

このトゲトゲで獲物を抱きかかえて拘束する

オキナワキリギリス
ウスモンナギサスズを捉えて食べる（宮古列島）

タイワンウマオイ
原型を止めていない昆虫を食べる（宮古島）

タイワンウマオイ
イモムシを食べる（久米島）

ササキリモドキの仲間　その1（長翅タイプとヒルギササキリモドキ）

キリギリス上科は、キリギリス科の1科がキリギリスの仲間、クツワムシ科とヒラタツユムシ科とツユムシ科の3科がツユムシの仲間、そして、ササキリモドキ科とヒルギササキリモドキ科の2科をササキリモドキの仲間という感じに、ざっくりと3つのグループに区分することができます。

本書ではキリギリスの仲間とツユムシの仲間は図鑑ページを割いて紹介していますが、ササキリモドキの仲間はほとんどの種で発音する（鳴く）ことが確認されているものの、超音波レベルの音域であったり、またはそれに近い周波数のため人の耳には聴こえない音を出す種がほとんどであり、この仲間を胸を張って『鳴く虫』として紹介のするのはいかがなものか、ということで今回は図鑑での紹介を断念しました。しかし、このグループは声は寂しいものの容姿は抜群で美しく格好良い種ばかりなので、少し簡易的ですが、いくつかの種を紹介します。

ササキリモドキの仲間は長翅の種と短翅の種にはっきり分かれ、長翅は原初的形質と考えられています。日本産の長翅種ササキリモドキは少なくとも11種2亜種（未記載種を含む）が知られます。科は異なりますが、ヒルギササキリモドキも長翅種なのでここで一緒に紹介します。

セモンササキリモドキの仲間達

日本には3種が知られいずれの種も冷温帯落葉樹林に生息し、夏から秋に出没する。
よく鳴くが声は非常に聴き取り難く野外ではまず聴こえない。

ムサシセモンササキリモドキ ★★★✦
Nipponomeconema musashiense
関東から中国地方に分布。

3種は生殖下板と尾端から区別可能

♂東京都産

♀8月長野県

ムツセモンササキリモドキ ★★★✦
Nipponomeconema mutsuense
東北から近畿地方、四国に分布。

徳島県産

♂10月徳島県

スルガセモンササキリモドキ ★★★★
Nipponomeconema surugaense
本州の主に中部と四国に分布。

♂静岡県産

♀10月静岡県

ササキリモドキ ★★✦
Kuzicus suzukii
宮城県以南の本土に広く分布。
低山の林縁や明るいマント帯に生息し、非常に聴き取り難い小さな声でビーッと鳴く。

埼玉県産

♂9月埼玉県

セスジササキリモドキ ★★
Xiphidiopsis albicornis
関東以西の本土に分布。
照葉樹林や林縁の樹上に普通。
灯火によく飛来する。

♂埼玉県産

♂8月埼玉県

ヒメツユムシ属

日本には6種が知られ、1種を除いては全て南西諸島の照葉樹林に生息し灯火にもよく飛来する。全種が鳴くが、ほとんど聴こえないか全く聴こえないレベルの音。

ヒメツユムシ ★★♪
Leptoteratura sp.

秋田以南の本土に広く分布。
普通種ではあるが見かける機会は多くはない。プツ・プツと鳴くが、かろうじて聴こえる程度。
albicornis の種小名があてられていたがこれはセスジササキリモドキのこと。

♂
東京都産

♀
東京都産

ヤエヤマヒメツユムシ ★★★♪
Leptoteratura yaeyama

南西諸島八重山列島に生息。
与那国島には亜種ドナンヒメツユムシが生息する。

♂西表産基亜種

ドナンヒメツユムシ

♂与那国島産亜種

オキナワヒメツユムシ ★★★
Leptoteratura digitata

沖縄本島北部に分布。
秋から春に多く見られる。

♀
沖縄本島産

♀5月沖縄本島

ササキリモドキ科の一種 ★★★★♪
Xiphidiopsis cf *lita*

沖縄本島と石垣島で見つかっているよくわからない種。
まだオスを確認したことがなく、本島産も石垣産も単為生殖で殖えることを確認。

♀
沖縄本島産

終齢幼虫♀3月石垣島

ヒルギササキリモドキ科
ヒルギササキリモドキ ★★★★
Neophisis iriomotensis

日本では1属1種。西表島、石垣島のマングローブ林のみに見られる。
肢の棘はよく発達し、小さな昆虫を巧みに捕まえる。また、海に落ちても長い肢と棘が表面張力で水面に浮き、泳ぐことができる。

♂
石垣島産

亜終齢幼虫♀6月石垣島

column

ササキリモドキの仲間その2（短翅タイプ）

短翅種は基本的に山手に生息し、中間温帯からブナ帯に見られます。樹上性で肢が長く、活発に歩き回って小さな昆虫などを捕食するというちょっと変わった生活様式をしています。発音器は前胸背板に隠れていることもありますが全ての種でしっかりと存在します。が、発音しても基本的に超音波なので声は人の耳には届かないのが普通。また体の一部を葉などに叩きつけ音を出すタッピングという行動も頻繁に見られ、様々な手段でコミュニケーションをとっていることが伺えます。

原初的形質の長翅タイプに対し、派生的形質の短翅タイプは四国など西日本で細分化が進み多くの種が見られます。それぞれの種は似た雰囲気をしていますが、オスの発達した尾肢と肛上板は種毎に非常に特徴的なことが多く、同定は容易。是非、面白い形の肛上板や尾肢にも注目してほしいです。

コバネササキリモドキ ★★★
Cosmetura fenestrata

北海道南部から本州は主に日本海側を経て九州のほぼ全域まで分布し、国産の短翅タイプとしては最も分布域が広いササキリモドキ。照葉樹林帯上部の森林に普通。

クロスジコバネササキリモドキ ★★★
Cosmetura ficifolia

コバネササキリモドキの太平洋側における代替種。8月から9月によく見る。

アマミコバネササキリモドキ ★★★
Cosmetura amamiensis

沖縄本島北部、奄美大島から見つかっているコバネササキリモドキ属。
初夏からよく見るようになり、お盆をすぎるとあまり見かけなくなる。

スオウササキリモドキ ★★★★
Asymmetricercus suohensis

山口、広島、鳥取のブナ帯から見つかっている日本固有の1属1種。
発生時期は遅く9月以降に多くなる。

ヤエヤマササキリモドキ ★★★
Phlugiolopsis yaeyamensis

八重山諸島の鬱蒼とした森林内に生息。
初夏と秋の2回ピークがあるようだ。

コウヤササキリモドキ ★★★★
Kinkiconocephalopsis koyasanensis

2種からなる日本固有のキンキヒメササキリモドキ属の1種。
紀伊山地の中間帯からブナ帯のみで知られる。

アマギササキリモドキ ★★★★★
Gibbomeconema odoriko

伊豆半島の狭い地域のみで見つかっている1属1種の珍種。
山地の杉林で8月から10月頃まで見られる。

イシヅチササキリモドキ ★★★★
Shikokuconocephalopsis ishizuchiensis

3種からなる日本固有のシコクヒメササキリモドキ属の1種。
四国北西部の冷涼で標高の高いブナ帯に見られる。

対馬産 ♂　　山形県産 ♀
♀7月静岡県
東京都産 ♂
奄美大島産 ♂　　♀5月奄美大島
広島県産 ♂　　♂10月広島県
西表島産 ♂　　♀6月西表島
和歌山県産 ♂　　♀10月和歌山県
伊豆半島産 ♂　　伊豆半島産 ♀
愛媛県産 ♂　　愛媛県産 ♀

キタササキリモドキ属

23 種を含む大所帯で国産のササキリモドキの多くがこの属に含まれている。
キタササキリモドキが東北まで、ヒトコブササキリモドキが中部まで分布しているが、その他の 21 種は全て近畿以西でしか見られない。とりわけ四国と九州で細分化が目立ち、四国では 13 種が九州からは 5 種の固有種が知られ、何れの種も生息範囲は小さく、狭い範囲でしか見られないことが多い。

キタササキリモドキ ★★✦
Tettigoniopsis forcipicercus

京都あたりから東へ青森まで分布し、ブナ帯で普通。東日本では最も目につく短翅のササキリモドキ。

♂ 栃木県産

♂ 7月群馬県

ヒトコブササキリモドキ ★★★
Tettigoniopsis kongozanensis

長野西部から四国まで分布。3 亜種からなるが今後の調査次第でまだ亜種は増えるかも。写真は基亜種。

♂ 富山県産

♀ 9月富山県

ハダカササキリモドキ ★★★
Tettigoniopsis biurai

近畿地方、中国地方、四国の中間温帯からブナ帯に生息する。比較的分布が広く地域により変異が見られる。

♂ 愛媛県産

♀ 愛媛県産

シコクササキリモドキ ★★★✦
Tettigoniopsis miyamotoi

愛媛の記録もあるそうだが、確実な産地は徳島県東部だけかもしれない。そこまで標高の高くない落葉広葉樹林に見られ、発生時期は 7 月下旬から最盛期となる。

♂ 徳島県産

♀ 徳島県産

ニョタイササキリモトドキ ★★★★
Tettigoniopsis nyotaiensis

生息地は小さく香川の矢筈山のみから知られる。中間帯のやや開けた林で夏に見られる。

♂ 香川県産

♂ 香川県産

ツルギササキリモドキ ★★★★
Tettigoniopsis tsurugisanensis

徳島県剣山の標高の高く冷涼な針葉樹林帯のササ群落に見られる。

♂ 徳島県産

♀ 徳島県産

イヨササキリモドキ ★★★✦
Tettigoniopsis ryoensis

四国石鎚山地の中間温帯からブナ帯で見られる。尾端の発達が著しく特徴的。

♂ 徳島県産

♂ 徳島県産

以上、ササキリモドキの仲間達ですが、鳴き声がほとんどど聴こえないというだけで非常に魅力的なグループだと思います。
本書では簡単に一部の種のみの紹介になりましたが、またの機会までにもっと暖めておきたいと思います。

クツワムシ科
Mecopodidae

日本には、クツワムシ、タイワンクツワムシの2種のみが
知られ、どちらも大型であるが、本科の繁栄する東南アジ
アやニューギニアではより大きな種がいくつも知られる。
夜行性で夜間に大音量でやかましく鳴く種が多い。
世界には 150 種ほどが知られる。

写真　クツワムシ♂　タイワンクツワムシ♂

クツワムシ ★★✦

Mecopoda niponensis

埼玉県産 ♂

埼玉県産 ♂

埼玉県産 ♀

緑、黄緑、黄色、赤茶、茶色など
色合いはさまざま

図鑑　クツワムシ科

♪ ガチャガチャガチャと扇風機が壊れたような感
じに大きな声でやかましく鳴く

- 体 50 〜 53mm
- 生 林縁などやや薄暗い薮、まれに河川
  敷などの明るい草地にも見られる
- 産 生息場所の土中
- 期 8 月上旬〜 10 月下旬

童謡で歌われているようにガチャガチャという聴き
なしはとても有名。里山の薮に見られるが、生息環
境には少々こだわりがあり、どこにでもいるという
わけではない。また、要求する自然度は高く近年で
は見つけづらくなっている。
くつわ（轡）とは馬にはませる金属の道具のことで
これの「カチャカチャ」という音が呼び名の由来。

飼 N1 N2 N3 草食傾向の強い多岐にわたる雑食
性。狭い容器でお互いに干渉して暴れたりすると怪
我の原因になったり翅がボロボロになるので、繁殖
目的以外では単独飼育が安心。累代もしやすい。

薄暗い薮を好む
（♀亜終齢幼虫 7 月埼玉県）

必死に鳴いているところ 翅は最大でも
このくらいしか開かない（8 月埼玉県）

タイワンクツワムシ

南西諸島 ★★
本土 ★★★✦

Mecopoda elongata

久米島産 ♂

久米島産 ♀

石垣島産 ♂

緑色を維持できる期間はそれほど長くなく、
早いと 1 週間くらいで茶色へ変化する

♪ ギー・ギー・ギーと鳴いたあと、換気扇にゴミ
が絡まったような声でギュルルルルルルルーと
大音量で鳴く　やかましい

- 体 50 〜 75mm
- 生 林縁や河川敷などである程度陽が差し込む
  やや乾いた薮
- 産 生息場所の土中
- 期 主な生息地の南西諸島ではほぼ 1 年中見る

きわめて大型。翅が長くクツワムシとは違い飛翔が
できることもあってか撹拌された環境でも見つか
る。本州では生息は限られるが、南西諸島では普通
で、時期は問わず暖かい夜なら冬でもよく鳴いてい
る。クツワムシとは違い幼虫は緑色が多く、多くの
個体は羽化直後までは緑色だが、時間の経過と共に
茶色に変化する。緑の多い秋は緑色型で、落ち葉や
枯れ草の中で越冬する冬に向けて褐色に変化するの
だと思う。

飼 N1 N2 N3 草食傾向の強い雑食性で飼育はクツ
ワムシに準ずるが、卵越冬ではないので加温下なら
冬でも普通に孵化する。とにかく長寿で未交尾なら
成虫で 1 年以上生き、2 年を超えたこともある。

越冬していた個体だが、この日はとても暖かかった
ので夜半過ぎまで鳴いていた（1 月加計呂麻島）

東南アジアで特に繁栄しており世界には1000種以上が知られ、緑色の種がほとんどで非常に平坦な体つきをしている。科名のPseudophylli は『偽コノハムシ』といった意味であり、多くの種は葉や植物の幹などに擬態しており、日本に唯一生息しているクサキリモドキもその例外ではない。

写真　雲南省産ヒラタツユムシ幼虫　海南省産のヒラタツユムシ♀

ヒラタツユムシ科
Pseudophyllidae

クサキリモドキ ★★★
Phyllomimus sinicus

♪ ヂーッ！と単発的にいきなり鳴く　比較的声は大きい

- 体 43 〜 57㎜ (翅端まで)
- 生 山地の森林内の樹上や林縁のマント帯
- 産 広葉樹の樹幹
- 期 7 月〜 1 月（まれに 2 月頃でも声を聴く）

擬態ポーズをとると木の葉にそっくりで、このような種は東南アジアで多く知られるが国産種としては本種のみ。個体数は少なくはないが、多くは樹上の高いところで鳴いているので、狙って採集するのは難しい。9 月、10 月が最盛期のようでメスは地面を歩いていることもある。幼虫は比較的背の低い灌木でも見ることができる。
長らく *Togona unicolor* の学名が採用されてきたが、本書では最新の知見である標準図鑑に準じ *Phyllomimus* 属とする見解に従う。

飼 P6 N2 N3 草食性。野生では広葉樹の若い葉を食べる。木本のイラクサ科の葉はよく食べることが多いが、入手は大変。飼育下では個体によっては白菜をよく食べるが、代用食だけでは少々育ちづらい気がする。

♂
西表島産

歩行して肢が見えてる状態では、たしかにクサキリに似ているといえばそのようにもみえる

♂
西表島産

肢を翅に隠して葉に擬態すると全く雰囲気が変わる

♀終齢
久米島産

イルカンダの葉で擬態

5 月、6 月頃の幼虫は低木でもよく見る　中齢幼虫♂（5 月奄美大島）

ツユムシ科
Phaneropteridae

中型から大型。緑色の種が多く一般的に左右に扁平で葉っぱのような種が多い。世界には 2000 種以上が知られる大所帯で基本的にメスも鳴くと言われている。少なくとも日本産のオスは全種が鳴き、メスも多くの種で鳴き声が確認されている。しかし声を聴き取りづらい種も多く、一部の種類ではほとんど、または全く聴き取れないほど。

日本では 26 種が知られ、一般種、声の目立つ種を中心に 20 種を紹介する。

写真　ヘリグロツユムシ♀　セスジツユムシ♀　ツマグロツユムシ♂

ツユムシ ★★
Phaneroptera falcata

栃木県産 ♂

本種は緑色型のみが知られる

♀ 栃木県産

♪ ピチッ・ピチッ・ピッピピチッと高音で聴き取り難い声で鳴く
- 体 13〜15mm
- 生 河川敷や草原など明るい草地
- 産 イネ科植物の葉肉の隙間
- 期 関東以西では年2化で7月と10月がピーク

声が聴き取りづらく生息確認しづらいが、明るい草地で普通によく見る。奄美以南の南西諸島にはよく似たリュウキュウツユムシが分布するが、こちらはやや局所的で個体数も少なくあまり見かけない。

リュウキュウツユムシ ★★★
Phaneroptera gracilis

石垣島産 ♂

本種では褐色型もしばしば見かける

飼 P6 N2 N3 ほぼ草食だが様々な植物を食べ丈夫で飼いやすい。産卵場所に困ると適当な葉に産む個体もいるが、基本的にイネ科植物の葉肉にしか産卵せず繁殖はやや難しい。

アシグロツユムシ ★★
Phaneroptera nigroantennata

埼玉県産 ♂

埼玉県産 ♀

若齢幼虫
埼玉県産

若いほどサイケな感じ

♪ ヂュキ・ヂュキ・・（ヂィー・ヂィーとも）と聴こえる声で鳴くが高音で聴き取りにくい（小学生の頃ほどよく聴こえた気がする）
- 体 10〜14mm
- 生 山間の林縁や林内で陽の差し込むやや明るい草地など
- 産 広葉樹の葉肉の隙間
- 期 関東より北では8月〜10月上旬
  関西以西では2化となり6月下旬〜11月下旬

美しいツユムシでやや山手に生息し、低山地の木漏れ日が射すようなハイキングコースでよく見る。幼虫の模様が独特で若い個体ほど鮮やか。

飼 P6 N2 N3 草食性で野菜等を食べるが花粉も好んで食べる。非常に丈夫で長生き。広葉樹の葉肉に産卵するがその範囲は広くさまざまな葉に産卵する。

アカアシチビツユムシ ★★★★
Phaneroptera trigonia

西表島産 ♂

西表島産 ♀

♪ ヂィーッ・ヂィーッと断続的に鳴くが高音で聴こえにくい
- 体 11〜14mm
- 生 海岸近くの林や薮、石灰岩地の薮など
- 産 イネ科植物の葉肉の隙間
- 期 2化性で5月〜8月と10月〜12月に見られる

小型で美しいツユムシ。あまり多くは見かけないが灯火に来ることがある。
沖縄諸島にはより大型のオキナワツユムシが生息しているが、本種と同様にちょっと珍しい。発生時期と生息環境も似ていて、声も似たテイストで鳴くので聴こえにくい。

オキナワツユムシ ★★★★
Phaneroptera okinawensis

♂ 沖縄本島産

飼 P6 N2 N3 草食性。非常に丈夫で長生き。産卵場所の選り好みがあるが、繁殖も難しくなく、飼育下では1年中殖える。

セスジツユムシ ★☆♪

Ducetia japonica

♂ 東京都産

♀ 埼玉県産

♂ 東京都産

南西諸島産 ★☆♪

♂ 伊良部島産

翅の黒点が本土産より目立つ傾向にある

♀ 伊良部島産

さかんに鳴くオス（6月宮古島）

♪ チ・チ・チ・チチチチとスローテンポから始まり、次第に早くなり最高潮まで達するとヂーチョ・ヂーチョと終わる
一連の流れは1分くらいで聴いていて面白い
メスもオスに対してプチプチプチと鳴く

- 体 13〜22mm
- 生 公園や庭の灌木、林縁のマント群落など
- 産 樹皮、樹幹、草本の茎など
- 期 本土では8月〜11月
  南西諸島では2化で6月〜翌2月

最も馴染みのあるツユムシで都心の公園でも見ることができる。普段は頭を斜め下にして静止していることが多いが、オスは鳴きながら歩き、それに呼応してメスはプチプチとラブコールを送り、お互いが引き寄せ合う様子が観察できる。南西諸島産は明らかに大型で暗色部やけい節の色が濃く、印象がかなり違う。声も心なしかアクセントがしっかりしていて、テンポにも違いがあるように聴こえる。

飼 P6 N2 N3 他のツユムシ同様にほぼ完全な草食性、何でもよく食べ丈夫。飼いやすいが産卵場所の好みは個体によりまちまちで、最適がいまいちよくわからない。

ウンゼンツユムシ ★★★♪

Ducetia unzenensis

♂ 徳島県産

オスはエゾツユムシに似るが
尾端の形状は全く違う

♀ 徳島県産

♪ ツ・ツ・ツ・ツツツとゆっくり鳴き始め、次第に早くなり、最後はジキー・ジキー・ジョギッ！と鳴き終える　一連の流れがセスジに似ていて変化があって面白い

- 体 17〜23mm
- 生 山地の林縁の薮や灌木上
- 産 飼育下では柔らかい草本の茎にかろうじて産卵
- 期 8月中旬〜10月

セスジツユムシに似た雰囲気があるが、かなり大きい。分布域は狭く山地の樹上性なので見かける機会は多くない。

飼 P6 N2 N3 丈夫。野菜類はあまり食べずクズや各種広葉樹の新鮮な葉を食べるが、食べない葉も多々あり好みがよくわからない。産卵場所の好みもハッキリせず繁殖も難しい印象。

エゾツユムシ ★★♪

Kuwayamaea sapporensis

♂ 栃木県産

♀ 埼玉県産

前翅から後翅が出ないのでメスに関しては
ウンゼンとの違いがわかりやすい

♪チキチッ！ツーツーツー・チキチッ！ツーツー
ツーと面白い声で繰り返し鳴く
音量は高めだが人によっては聴こえづらい

- 体 16 〜 33mm
- 生 山地の林縁
- 産 樹皮、樹幹、草本の茎など
- 期 8 月〜 10 月

生息域は山手で低山から冷涼ブナ帯でよく見るが、
関東や関西の一部ではなぜか平地の河川敷などに生
息する場合もある

飼 P6 N2 N3 草食性で白菜を食べる個体も多いが
野菜より野草を好む。カラムシ、アカソ、クズなど
を食べる個体が多い。産卵場所の好みもはっきりせ
ず繁殖は難しい印象。

ホソクビツユムシ ★★♪

Shirakisotima japonica

♂ 栃木県産

♀ 伊豆半島産

産み落とされた卵

♪ヂキ・ヂキ・ツー・ヅー・ツー・ヅ・ヂギッ
と独特なテンポで昼間に鳴く
音量は高めだが人によっては聴こえづらい

- 体 18 〜 26mm
- 生 ブナ林の樹上
- 産 広葉樹の葉肉の隙間
- 期 8 月〜 9 月が目立つが地域により11月でも見る

山地性でブナ帯の樹上に生息。明るい時間から普通
に鳴いているので探しやすい。オスはよく飛ぶので
鳴いている木を強く蹴ると羽ばたきながら滑空して
くる個体がいる。葉肉に産んだ卵の部分を切り取り、
地面に落とすという変わった性質がある。

飼 P6 N2 N3 広葉樹の葉を食べる。ブナの若く新
鮮な葉をよく食べるが、その他の好みがよくわから
ない。個体次第で、よく食べる餌が見つかれば飼育で
きる。産卵、孵化も難しくないが幼虫の育成はや
や難しい。

梢に多い（♀ 8 月伊豆半島）

葉肉の隙間に産み、周囲を綺麗に切り取っている

ヤエヤマオオツユムシ ★★★

Elimaea yaeyamensis

♂ 西表島産

♀ 西表島産

飼育下ではハイビスカスの葉に産卵した

葉肉の間に産みつけられた卵

♪やや高い音で、ヂヂッ・ヂィッチョ・ヂィッチョ・・・と、思い出したように5〜10回程度鳴いていきなり止む。やや大きめの音量

- 体 20〜23mm
- 生 照葉樹林の林縁や低木や付近のマント帯
- 産 広葉樹の葉肉
- 期 5月〜7月に見る

大型で見栄えのするツユムシ。普段はあまり多くは見かけないが灯火にはしばしば飛来する。あまり薄くない広葉樹の葉肉に産卵するが、葉一枚に数個産卵したあと、葉の葉柄をかじり切り落とすという独特の習性がある。

飼 P6 N2 N3 野生下では見つかる時期は短いが、丈夫で長生き。白菜などの葉野菜もよく食べる。産卵場所の選び好みがあるが繁殖も難しくない。幼虫はまだ寒い時期に孵化する。

ヤマクダマキモドキ ★★

Holochlora longifissa

♂ 兵庫県産

♀ 埼玉県産

前腿節が赤い

♪チッチッチッチッチッチッチッと5〜9声で小さめの声で鳴く。ちょっと聴き取りづらい

- 体 47〜53mm（翅端まで）
- 生 山間の林や森の樹上
- 産 広葉樹の枝や草本の茎など
- 期 7月末〜10月

基本的にやや山手に見られ、サトクダマキとはゆるく住み分けをしているようだが、平地の森や時に海岸林でも見られることがあり、しばしば混生もする。8月は灯火でも見かけることがある。

飼 P6 N2 N3 丈夫で飼いやすいが産卵場所の好みは個体によりまちまちで、最適がいまいち不明。

地衣を食べていた（9月兵庫県）　　羽化が近い♀終齢幼虫（7月埼玉県）

サトクダマキモドキ ★★

Holochlora japonica

♂ 東京都産

♀ 東京都産

♪ピンピンピンピン、またはタンタンタンタンとも聴こえる

- 体 45〜62mm（翅端まで）
- 生 平地の雑木林などの樹上
- 産 広葉樹の枝や草本の茎など
- 期 7月末〜10月

和名はクダマキ（クツワムシの別名）に似ていることから。都市公園などにも生息していることが多いが、樹上性であり見かける機会は少ない。オスは灯火にも頻繁に来るため、郊外では外灯回りでよく見かける。

飼 P6 N2 N3 丈夫で飼いやすいが産卵場所の好みは個体によりまちまちで、最適がいまいちよくわからない。ヤマクダマキよりは産卵しやすい。

ヒメクダマキモドキ ★★
Phaulula macilenta

♪ オスはジュッ・ジュッ・ジュッと非常に小さい声で、メスはプチプチプチプチとある程度聴こえやすい声で鳴き交わす。20代の頃はオスの声ももっとちゃんと聴こえていたような・・・

🔵体 19 〜 23mm
🟢生 本州では海に近い温暖な地域の林縁や森林公園などの樹上
🔴産 樹木の葉柄や枝、樹皮の隙間など
🟠期 7月下旬〜 11月上旬

主に関東以南太平洋側の温暖な地域に見られ、海岸線の先駆植物の樹木でよく見られるように感じる。最近では都内でも見る機会が増えてきた。
本州では見つけやすいが、南西諸島では山地に生息するようで私自身はあまり見つけたことがなく結構珍しい印象がある。

飼 P6 N2 N3 ほぼ草食だがさまざまな植物を食べ丈夫で飼いやすい。とりわけアカメガシワなどトウダイグサ科の葉を好む。

♂ 神奈川県産

♀ 神奈川県産

若い幼虫は肢が赤く綺麗

羽化直後、脱皮殻を食べる（9月神奈川県）

ダイトウクダマキモドキ ★★
Phaulula daitoensis

♪ シュ・シュ・シュと鳴き、メスはタッタッタッと鳴き交わす。声は小さく無意識に歩いていると気づかないかも

🔵体 20 〜 24mm
🟢生 海岸近くや平地の低木
🔴産 樹木の葉柄や枝、樹皮の隙間など
🟠期 ほぼ1年中見られるがピークは2回あり
　　6〜8月と10月〜 12月が多い感じ

南西諸島では最も見かける機会が多い大型のツユムシ。海岸の近くや平地の林縁、道路沿いなど明るい所に生えるハマボウやオオバギ、アカメガシワなどの葉上でよく見る。
集団になりやすく1匹見つかれば同じ木で何匹も見つかるのが普通。

飼 P6 N2 N3 食性はヒメクダマキモドキに準じ飼いやすい。飼育下ではソテツの幹によく産卵した。

♂ 宮古島産

♀ 宮古島産

♀ 宮古島産

オオバギの葉を食べる（6月西表島）

オオハマボウの蕾を食べる幼虫（6月西表島）

サキオレツユムシ ★★★

Isopsera sulcata

発音器は茶色い

♂ 沖縄本島産

♀ 沖縄本島産

産卵管は幅広で 90 度に近い
角度で上方に曲がる

幼虫

♪ 鋭くハッキリと、チキッ・キチチキッ・・と鳴く
やや不規則で単発的

（体）41 〜 46㎜
（生）平地でも見られるが山間に多く、樹幹に生息
（産）広葉樹の葉肉
（期）4 月〜 7 月

成虫は樹冠など高いところに生息し、日中は滅多に見かけない。最盛期は走光性が強くタイミング次第では外灯回りで見つけやすい。

（飼）P6 N2 N3 草食性が強く葉野菜全般をよく食べる。やや短命な感がある。葉が厚めの広葉樹の葉肉に産卵するので、繁殖を狙う際は生木を入れて飼育する。シイの苗木などが産卵の成績が良い。

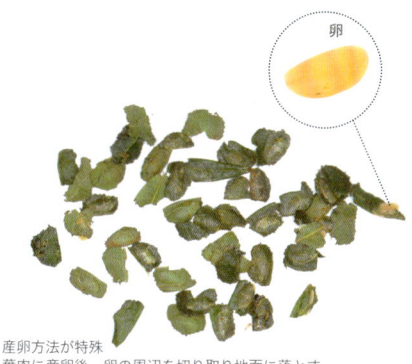

卵

産卵方法が特殊
葉肉に産卵後、卵の周辺を切り取り地面に落とす

ナカオレツユムシ ★★♪

Isopsera denticulata

♂ 沖縄本島産

緑色型の個体が多い

♀ 沖縄本島産

産卵管は緩やかにカーブする

幼虫（初齢）、若幼虫は親とは似ても似つかない容姿

♪ オスはやや高音でジュリリリッと鳴く
オスの声に同調してメスも鳴く
メスはしっかりとした音でタタタタっ！と鳴き、
近くにいるオスとハーモニーを奏でジュリリッ
タタタッとなる

（体）38 〜 49㎜
（生）林縁などのやや明るい樹上
（産）広葉樹や立ち枯れした木の樹幹
（期）5 月〜 8 月

艶のある美しい緑色をしているが、褐色の個体も見つかることがある。林縁の樹上などで見かけるが、走光性が強いので最盛期は外灯回りでよく見かける。

（飼）P6 N2 N3 草食性で野菜を含め広範囲の植物を食べる。餌として入れた白菜やレタスの芯などによく産卵するので、繁殖を狙わない場合は葉野菜のみを与える。

2 齢以後、初齢とは雰囲気が変わる（4 月沖縄本島）

ヘリグロツユムシ ★★⁄
Psyrana japonica

東京都産

静岡県産

幼虫は低木で見やすい（7月東京都）

♪ ジュルルルルルッ。と単発的に鳴く
音量は中程度だが人によっては聴き取りにくい
メスはプチプチプチと小さな声で共鳴する

- 🔵体 43〜47mm
- 🟢生 山地の広葉樹の葉上
- 🔴産 樹皮の隙間などにも産卵するそうだが飼育下では厚みのある広葉樹の葉肉
- 🟠期 8月上旬〜10月中旬

山地性で広葉樹の葉上で見られる。そんなによく見かける種ではないが、個体数の多い生息地では最盛期には付近の林道や舗装道路の手すりなどを歩いている姿もよく見る。またシーズンの早い時期は灯火で得られることもある。

飼 P6 N2 N3 草食性で野菜等を食べるが花粉も好んで食べる。非常に丈夫で長生き。広葉樹の葉肉に産卵するがその範囲は広くさまざまな葉に産卵する。

アマミヘリグロツユムシ ★★⁄
Psyrana amamiensis

奄美大島産

縁の黒が不明瞭

奄美大島産

♪ シュルルルルルッ。と単発的に鳴く
音量は中程度だが人によっては聴き取りにくい
メスはプチプチプチと小さな声で共鳴する

- 🔵体 39〜42mm
- 🟢生 平地にも見られるが山地の広葉樹の葉上に多い
- 🔴産 飼育下では厚みのある広葉樹の葉肉
- 🟠期 6月中旬〜8月上旬に多い

樹上性。やや山手だが生息範囲は広く最盛期には海岸線の外灯回りでも見る。ヘリグロツユムシの仲間の中では一番細身で華奢な雰囲気がある。沖永良部島の個体は尾肢の形状が異なり隠蔽種の可能性がある。

飼 P6 N2 N3 ほぼ草食で様々な植物を食べ、丈夫で飼いやすい。産卵する範囲も比較的広く孵化率も良い。

オキナワヘリグロツユムシ ★⁄
Psyrana ryukyuensis

沖縄本島産

久米島産

石垣島産

♪ シュリリリリリッ。と単発的に鳴く
音量は中程度だが人によっては聴き取りにくい
メスはプチプチプチと小さな声で共鳴するらしい

- 🔵体 43〜47mm
- 🟢生 やや山手の多少陽の射す林縁や森林などの樹上
- 🔴産 飼育下では厚みのある葉肉や白菜の芯など
- 🟠期 5月下旬〜7月中旬によく見る

アマミや無印ヘリグロより大柄でしっかりしている。山間の生息地ではとても個体数が多く、シーズン中は日中でもよく見かける。特に4月頃は林道に生える丈の低いアカメガシワなどで沢山の幼虫を見ることができる。

飼 P6 N2 N3 ほぼ草食でさまざまな植物を食べ丈夫で飼いやすい。アカメガシワなど広葉樹の葉を好む。産卵する範囲も比較的広く孵化率も良い。

近縁のヤエヤマヘリグロツユムシ基亜種
石垣島の基亜種、西表亜種　与那国亜種の3亜種からなる

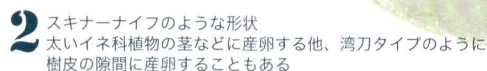

column
さまざまな産卵管

鳴く虫は昆虫類全体を見渡しても特に産卵管の目立ったグループといえます。
一部のハチなどにも産卵管が目立つものがいますがグループ全体の特徴とはいえず、ここまで産卵管が際立った昆虫はコオロギ亜目以外には見当たりません。『鳴くこと』よりも、むしろグループ全体を捉えた一番大きな特徴のひとつともいえるかもしれません（例外もありますが）。

この産卵管ですが、目的の場所へ正確に卵を産みつけるための器官であることは周知のとおりで、地中に産卵する国産のコオロギ科のほぼ全種が、例外なく注射針のように細くまっすぐな形状をしています。
マツムシ科も地中に産卵する種の他に草本の茎に産卵する種も多いですが、全ての種はコオロギ科とよく似た注射針のような形状です。

ヒバリモドキ科やカネタタキ科は、一見するとコオロギ科のような注射針のようにも見えますが、よく見ると、樹上性（草上性）、地表性種共に短剣のような縦に平たい形状をしているのがわかります。
キリギリス科も縦に平たいですが長く剣のような形状であり、まっすぐな剣や、少しカーブした刀のような形状のものが大部分を占めます。ヒメギス類ではカーブが強く少し短い薙刀のような形状になります。
このように、ある程度の分類群により産卵管の形状はおおむね決まってくるということ、そして総じて産卵管は細長い針のような形状をしているといえます。

しかし、ツユムシ科だけはちょっと事情が違っていて面白いです。コオロギ亜目の一員でありながら『針』のような細長い産卵管の種は日本からは知られておらず、大部分はナイフのような形状で変化に富み並べてみると『刃物カタログ』でも見ているかのようです。
これらの変わった形の産卵管は、産卵場所により形状の違いに傾向があるようなので私が観察したことがある限りで簡単にまとめてみます。

1 湾刀のような形状
　樹幹の樹皮の隙間に捩じ込んで産卵する

ダイトウクダマキモドキ　　ヒメクダマキモドキ

2 スキナーナイフのような形状
　太いイネ科植物の茎などに産卵する他、湾刀タイプのように
　樹皮の隙間に産卵することもある

セスジツユムシ　　エゾツユムシ　　ウンゼンムニンツユムシ

3 スキナーに似るがより幅広で先端も丸い
　エッジは若干角質化し黒ずむ
　葉肉の薄い隙間に限定的に産む

     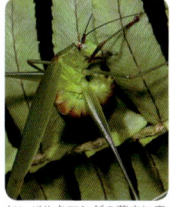

ホソクビツユムシ　　サキオレツユムシ　　リュウキュウツユムシ　　ヤエヤマオオツユムシ　　アシグロツユムシ

ヤンバルタマシダの葉肉に産卵するオキナワツユムシ

4 ロープナイフのようにエッジに鋸歯がついている
　またエッジも角質化する
　肉厚な広葉樹の葉肉に産卵するが、飼育下では
　レタスや白菜の芯、肉厚な植物体に産む

アマミヘリグロツユムシ　　ヘリグロツユムシ　　ナカオレツユムシ

5 ロープナイフのようだがタイプ4よりも太く頑丈で全
　体的に角質化が著しく黒っぽくなる
　広葉樹の木質化していない枝に産卵
　※タイワンクダマキモドキは産卵を未確認

ヤマクダマキモドキ　　サトクダマキモドキ　　タイワンクダマキモドキ

以上のように国産のツユムシ類に限った話では、ほぼ明確に5タイプに分類でき、その形状により産卵場所もほぼ決定します。まだ産卵場所を確認できていないタイワンクダマクモドキに関しては、タイプ5なのか4なのかちょっと微妙で、もしかしたら枝には産卵しないかもしれません。しかし、その他、未確認のムニンツユムシ、ナンヨウツユムシ、ヤエヤマヘリグロツユムシなどは所属する各タイプどおりの場所に産卵するものと予想されます。
近縁関係になくても、産卵場所が似ていれば産卵管も似るという様式は面白いことだと思います。

鳴かない鳴く虫 その3

冒頭のとおり本書でいう鳴く虫とは、コオロギとキリギリスの仲間のみを指します。分類的なくくりにすると、コオロギ亜目のコオロギグループ（コオロギ上科、カネタタキ上科、ケラ上科）と、キリギリスグループ（キリギリス上科）ということになりますが、このふたつのグループの他にもうひとつ、カマドウマグループがあります。このグループはカマドウマ上科、クロギリス上科、コロギス上科で形成し、全種が鳴きません。

ゆえに鳴く虫という利便的なくくりからは外れていますが、コオロギ亜目というひとつの分類群には含まれているため、大きな意味ではコオロギの仲間ともいえます。マツムシモドキやヒバリモドキなどの鳴かない鳴く虫の仲間も紹介してきたので、鳴かないコオロギ亜目の仲間もざっくりと紹介します。

カマドウマ上科の仲間達

日本には3亜科7属74種が知られるが未記載種も多くまだまだ種類は増えそう。全種で翅が無く鳴くことはないが、タッピングで音を出すのがいくつかの種で確認されている。触角は非常に長く、基本的に猫背で後肢はよく発達する。格好良い虫だと思うのだが、なぜか嫌われ者の代表格だそうで、多くの人はこれを気持ち悪く感じるとか。ともあれ、ごく一部だけ紹介する。

カマドウマ ★★
Atachycines apicalis

北海道以外の本土で普通。正真正銘の無印カマドウマ。洞窟や古いトンネル、人家周辺に多い。

6月東京都

クラズミウマ ★★
Diestrammena asynamora

北海道以外の本土に普通。人家近くに多く、神社の石段などでもよく見る。単に『カマドウマ』といわれているものには本種も含まれる。普通種。

6月東京都

マダラカマドウマ ★★
Diestrammena japanica

本土全域の森林に普通。人家周辺で見ることもある。大型で迫力がある。基本的に森林性で人の生活圏ではあまり見かけない。

7月埼玉県

コノシタウマ ★★★
Diestrammena elegantissima

本土全域に生息するが、冷涼な山手に多い林床性種。体躯がしっかりしていて、重心が低い。

10月静岡県

オオハヤシウマ ★★★
Diestrammena nicolai

八重山諸島の森林で秋に見られる。非常に大型で重量感があり体長は40mmをも超える日本最大のカマドウマのひとつ。

10月西表島

ズングリウマ ★★★
Rhaphidophora taiwana

南西諸島の森林に生息。後肢は短くずんぐりした体型。タッピングで音を出すのがしばしば観察されている。

4月沖縄本島

クチキウマの仲間 ★★★
Anoplophilus sp.

山地の森林に住み樹上性。いわゆるカマドウマのように猫背にならず風変わり。各地で多くの種に分化している。

幼虫　　　　　7月伊豆半島

図鑑 ツユムシ科

クロギリス上科の仲間達

日本にはクロギリス属3種が知られるが、見つかったのは最近のこと。黒くて大型でカマドウマに似た体型をしているが、小さな翅がある。鳴かないが後肢でタッピングし大きな音を出す。

ヤンバルクロギリス ★★★♪
Paterdecolyus yanbarensis

沖縄本島のヤンバルに固有で40mm近くなる大型種。国産クロギリスで一番最初に認知された種で、記載されたのは1995年だが1980年代にはその存在が一部で話題になっていた。

ヤエヤマクロギリス ★★★♪
Paterdecolyus murayamai

石垣島、西表島で見つかっているクロギリス。ヤンバルクロギリスよりやや小振りで翅が大きいのが特徴。他のクロギリスと同様に秋に森で見つかる。

コロギス上科の仲間達

日本には4属9種ないしは10種が知られる。翅が発達する種、退化する種と様々。口から糸をはいて葉をつづり巣を作るのは国産の全種に共通。

お決まりの威嚇ポーズ

コロギス ★★★
Prosopogryllacris japonica

北海道以外の本土で見られ30mmほどの大型種。後肢でタッピングしてコッ・コッ・コッと音を出す。コオロギともキリギリスともどっちつかずの容姿が和名の所以だとか。

♂ 静岡県産　♀ 東京都産

マルモンコロギス ★★★♪
Prossopogryllacris okadai

トカラ、奄美群島に固有。形態・生態はコロギスに似る。体色は黄色っぽい。

♀ 奄美大島産

ヒノマルコロギス ★★★★
Prosopogryllacris rotundimacula

八重山に固有の大型種で40mmほどになる。体色は美しい飴色をしている。
沖縄諸島からは近縁のニセヒネマルコロギスが知られる。

♀ 西表島産

コバネコロギス 南西諸島 ★★ 本州 ★★★
Metriogryllacris magna

中部・関西あたりから西と南西諸島全域で見られる。翅は退化的で目立たない。
よくタッピングによる音を出す。変異が大きく、別種かもしれない型がいくつかある。

♀ 伊良部島産

9月

♂終齢幼虫
与那国オオコバネコロギス型

ハネナシコロギス ★★
Nippancistroger testaceus

北海道の渡島半島から南西諸島にかけて広く見られる普通種だが色彩変異は大きい。
翅が全くないが、腹と後肢をこすり発音する。

♂ 沖縄本島産

オオハネナシコロギス ★★★★
Nippancistroger izuensis

神奈川の一部、伊豆半島・伊豆諸島に局所的に見られる種。

♀ 伊豆半島産

日本の鳴く虫文化

虫売り

美しい声の鳴く虫は古い時代から人々に感心を持たれ、万葉集にも登場するほど日本人に深く根付いた昆虫といえます。季節の移り変わりや、自然の変化を敏感に感じ取れた昔の人々にとって鳴く虫はさぞダイナミックで目立った存在だったでしょう。

平安時代には貴族の間で鳴く虫は娯楽の対象のひとつになっていたそうで、『捕まえた鳴く虫を飼育して楽しんでいた』いう記述が残されています。

多少の流行廃りはあったと思いますが、このような風習は続いていき、1600年代後半には京都や江戸でも鳴く虫が販売されていました。さらに時代は進み、将軍への献上品であったり上流階級者の楽しみであった鳴く虫が1700年代後半から1800年代は庶民でも楽めるものになり、それを扱う『虫売り』という職業が流行したそうです。

スズムシなどは養殖し安定供給され、庶民用の虫籠も生産され、1840年頃からはキリギリスの流し売りも出現し、鳴く虫ブームはどんどん加熱しました。鳴く虫の飼育に関する専門書（P104）

歌川国貞

まで発行され、様々な種の鳴く虫が庶民に認知され、飼育対象の種類も大変多く、大層な白熱ぶりだったのだろうと想像しています。

1952年8月15日　毎日新聞社

明治時代に入っても虫売りは健在で、かの小泉八雲によるとマツムシ、スズムシはもちろんのこと、キンヒバリ、クサヒバリ、カンタンなどを含め12種もの鳴く虫が販売され、行商人も相当数いたそうです。大正時代、昭和の初期を過ぎると年々虫売り商売は廃っていき、特に戦後からの衰退は著しく、高度成長期の日本人にとっては虫の声は些細なものになってしまったようです。

それでも、私が幼少だった昭和50年代は縁日やスーパの軒先でスズムシやキリギリスが普通に売られていましたし、まれにクツワムシやマツムシも売られていることもありました。その頃まで銀座の交差点や上野の青空市などではカンタンやクサヒバリなども販売されていたそうですが、昭和60年代にもなると28日の縁日に5月以降は毎月来ていた『虫売りのおじさん』が露店を出すこともほとんどなくなり、平成に入る頃には、かろうじてスズムシとキリギリスのみがデパートの屋上や金魚屋、小鳥屋で販売される程度となり、虫売りはほぼ完全に忘れられた風習となってしまいました。

しかしながら、往年の愛好家の間ではひっそりと鳴く虫飼育は続けられており、ここ数年、鳴く虫文化に興味を持つ人も多く見受けられ、また再熱するのではないかと少し期待をしています。ネット社会の恩恵で生体や情報を入手しやすくなったこともあると思いますが、なにより、虫の声に耳を傾け慈しむ、そんな心の余裕が現代人に戻ってきているのかもしれません。

いや、慌ただしく余裕がない毎日を送っている人ほど、鳴く虫に注目して頂きたいです。短命で儚い鳴く虫を一生懸命に飼う。浪費的な行為と見えるかもしれませんが、やってみると不思議に心と時間に余裕がうまれてくるとかこないとか。

虫聴き

万葉の頃からの記述が残っているというだけで、縄文時代の人々だって虫の声を楽しんでいたのかもしれません。とはいっても、鳴く虫を捕まえてカゴに入れて愛でるというのは、やはり平安の頃が始まりのようで、その頃には鳴く虫の楽しみ方も多岐にわたり、捕まえた虫を庭に放し鳴き声を楽しむ『野放ち』という遊びも流行ったそうです。その放たれた虫達の音色を肴に宴に興じる描写が源氏物語にも登場します。この他、虫の声がよく聞こえる場所へ出向いてその音色を楽しむ『虫聴き』という遊びも行われていたそうです。

歌川広重『東都名所 道灌山虫聞之図』天保 10 ～ 13（1839 ～ 42）年　　歌川広景『江戸名所道外盡 二十 道灌山虫聞』

豊国三代 広重二代『江戸自慢　　現在の道灌山
三十六興　道灌やま虫聞』

この虫聴きは花見や月見のような趣のもので、江戸時代には庶民にも人気の娯楽のひとつとなっていたようです。当時の江戸には何カ所も虫聴きの名所があり、江戸庶民はその時の気分や聴きたい虫の音色に合わせ各名所へ出向きました。特に有名だった道灌山（荒川区西日暮里）は広重の江戸百景をはじめ多くの浮世絵が残されています。飛鳥山（現在の王子付近）も有名で、この他、新宿や広尾（南麻布）など 20 カ所以上が知られており、1838 年の東都歳時記にはいくつも『江戸の虫聴き名所』が挙げられているそうです。

当時の状況を想像するに鳴く虫は珍しい存在ではなく、わざわざ何時間も歩いて名所に出向かなくても、家の近くで楽しめたと思います。それでもぶらぶらと目的の場所まで向かい、程よい疲れの中、弁当と酒に舌鼓する。こういった行為そのものが粋な娯楽だったのでしょう。この風習は少なくとも関東大震災までは盛んで、昭和３０年代でもひっそりと楽しんでいた人はいたそうです。

現代ではそんな風習もほとんど忘れられ、都会となった東京には当時の名所は見る影もないのはいわずもがなですが、飛鳥山や広尾には木々が茂る公園としてわずかではありますが当時の面影を残す所もあります。

鳴く虫の種類もせいぜい、カネタタキ、ハラオカメ、ツヅレサセにエンマコオロギ、あと、当時はいなかったアオマツムシくらいなものですが、この場所で「虫聴きを楽しんだ江戸庶民」の姿を想像しながら飲む一杯も現代ならではの乙な楽しみかもしれません。

現代の名所

江戸時代から伝わる虫聴き名所とは違いますが、環境省指定の日本の音風景100選があります。波の音、トロッコの音、祭りの音などなど、様々な音が選定されていますが、3カ所で鳴く虫の声が選定されています。

No.13 仙台市　宮城野の鈴虫

写真 佐藤高好

仙台のスズムシの声が良い、ということで古くから珍重され伊達家から将軍家へ献上もされてきたそうです。奇しくも音風景100選 No.14は広瀬川のカジカガエルと野鳥が選定されており、広瀬川畔ではスズムシを含め、様々な音を楽しめるそうです。

No.63 大阪市　淀川河川敷のマツムシ

都会の真ん中を流れる大河川ですが、河川敷の植生が良好で鳴く虫の種類が豊富なのは有名。淀川河川公園の淀川野草地区が鳴き声が多いですが、この界隈ならかなり広い範囲で虫の声が楽しめます。都会の真ん中という立地が魅力で関西の方ならいつでも気軽に行ける場所です。

No.28 熊谷市　荒川・押切の虫の声

私自身、1996年に選定される前から通っている関東の名所。とにかく種類数が多く、市の教育委員会が建てた看板には19種の鳴く虫が生息すると書いてありますが、確認しただけでも22種はいます。エゾエンマなど関東では超が付くほどレアな種の声が聞こえるのも魅力。最寄り駅の秩父鉄道麻生原駅からゆっくり歩いて30分ほどと近く、道中も様々な虫の声が楽しめます。終電がものすごく早いので深夜までゆっくりと楽しめないのが玉に瑕。

おまけ
No.33 練馬区三宝寺池の鳥と水と木々の音

名称に虫の音のことは含まれていませんが、実は都内有数の鳴く虫のメッカ。23区でありながら、17種もの鳴く虫の声を確認できました。初夏からはキンヒバリが軽やかに鳴き、秋にはクマスズムシが密やかに鳴き、都心とは思えない豪華さ。石神井公園の中にあり、駅からも歩ける距離なので虫聴きにおすすめです。

虫籠コレクション

昭和中期くらいまでは鳴く虫の飼育といえば『虫籠』が主流で、鳴く虫とは切っても切れないものでした。

庶民的な荒い作りのものから、将軍や天皇に献上するような豪華なものまで様々ですが、職人の手で丁寧に組まれた虫籠はどれをとっても美しく、中に入れる虫はもとより、籠そのもののコレクション性や芸術性も鳴く虫飼育の楽しさを倍増させてくれる要素です。そんな美しい虫籠、変わった虫籠、懐かしい虫籠などを紹介します。

御殿虫籠 明治時代に作られた京都の華族が使用していたものらしい。格子のピッチは 3mm ほどでこの籠でスズムシやマツムシを飼っていたようです。

江戸時代に作られたと考えられる虫籠 東京の古い蔵から出てきました。左右行き来できない作りなので、低い方にスズムシ、高い方にマツムシを入れて飼育したのかもしれません。

虫入り竹籠 千葉の蔵から出た虫籠で、昭和 20 年代に売られていた規格品だそう。この中に鳴く虫（マツムシか？）が入った状態で販売されていたそうです。

関西方面からよく見つかる虫籠 おそらく大正時代から昭和初期のもの。江戸は精巧、京大坂は粗いと言われていたそうで、まさにそれを表しています。キリギリス、クツワムシに適しています。

ウケが陶器の虫籠 千葉の納屋から出てきました。籠部分は駿河伝統の大和虫籠と同じ作りですがウケが陶器なのは珍しいです。ピッチが狭いのでマツムシでも飼育したのでしょうか。

エンマコオロギ用家具調虫籠 滋賀県の蔵から見つかった一風変わった虫籠。どうやらエンマコオロギ用のようで、反対側は全面金網張りになっています。昭和 30 年代ものらしいです。

エンマコオロギ用の木製虫籠 昭和初期にはエンマコオロギ入りの木の籠が売られていたらしい。中にある丸い穴の開いた板からコオロギが顔を出しながら鳴くとのこと。なんとか当時のものを入手したかったのですが、ご縁がなく、著者が似せて作ってみました。

ブリキの虫籠　全体がブリキで出来たものは昭和 20 年には売られていたようですが、本当に古いものは滅多に見かけません。写真は昭和 40 年代のもののよう。

合板にブリキの網が貼られた虫籠　昭和 20 年代のもので駄菓子屋などでよく売られていたらしい。昭和 30 年代になると同じ形状で全てブリキ製のものが出現します。

駄菓子屋で売られていた竹製の虫籠　昭和 30 年〜 40 年頃に駄菓子屋で売られていたもの。40 年代以降のブリキ製のものは数多く見つかりますが、駄菓子屋由来の竹籠は結構珍しいです。

駿河千筋細工

駿河千筋細工とは駿河（静岡）で伝統的に作られる竹細工のこと。非常に繊細で美しい作りのものが多く、江戸時代初期からの名産品となっています。日用品などさまざまなものが作られていますが虫籠などは秀逸で献上品や藩内品も作られていたそう。現代では経済産業省指定「伝統的工芸品」とされています。

駿河千筋細工の御殿籠　江戸時代の京都の公家が持っていたとされる形状。伝統工芸師の森本甲子男氏（故人）が昭和 40 年代に復元したもの。現代では次世代の工芸師が受け継ぎ制作していますが、写真は森本氏の初期作品。

猫足の大和虫籠　江戸時代の中期に豪商や将軍が使っていたとされる形状。伝統工芸師の鈴木平二氏（故人）が昭和 30 年代に復元し現代まで伝わります。写真は鈴木氏の昭和 50 年代の作品。

夢殿　法隆寺の夢殿がモデルの虫籠で伝統工芸師黒田英一氏作。同型のものが製品化されているので現在でも入手は可能です。

扇形の虫籠　江戸時代の浮世絵や資料に残っているものを見て著者が復元したもの。江戸時代には扇形の他にも珍しい形状のものが沢山ありました。

船型の虫籠　舟型は江戸時代から人気だったようで、浮世絵などにもよく残っています。明治から昭和にも関東では作られていたようです。当時のものを入手できなかったため著者が復元してみました。

『鈴虫之作様』
後付に神田松永町　諸虫問屋　向両国
亀沢町　虫屋清次郎とあります

江戸時代の鳴く虫専門書

江戸時代に既に昆虫の飼育書が発行され流通していたという事実があるのをご存知でしょうか。タイトルは『鈴虫之作様』。スズムシをはじめカンタン、クサヒバリなど鳴く虫類の生態や飼い方が紹介されています。

発行年には諸説あり正確な時期は不明ですが、少なくとも慶応1867年以前であることは確かで、おそらく文政から天保（1820年代〜1840年代）に書かれたものだろうと考えています。より年代が新しそうな写本も見つかっているので、当時のロングセラーだったのかもしれません。

1600年代にはスズムシの繁殖について記録した書物があったり、和漢三才図会（1712年）には簡単な鳴く虫の飼育法が記されていたようですが『鈴虫之作様』は現代でも通用するような非常に高度な内容で、当時の人の感性と観察力に感服したのを覚えています。

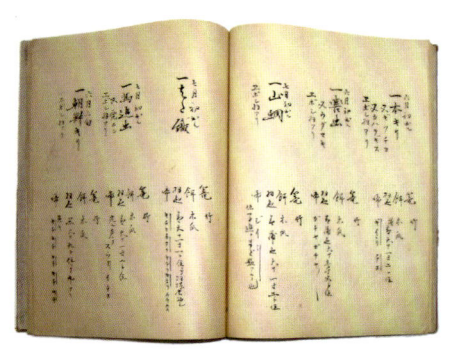

18種もの鳴く虫の餌や飼い方、適したケージ、鳴き声や出現時期などが個別に詳しく紹介されています。

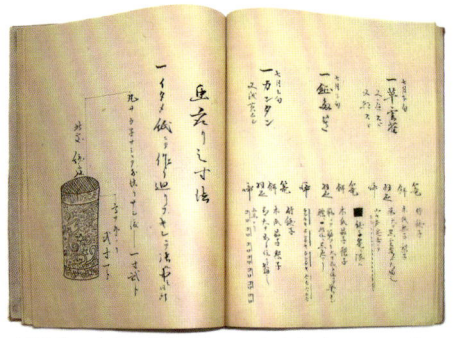

万華鏡のような作りのおしゃれな飼育ケースの作り方が紹介されています。

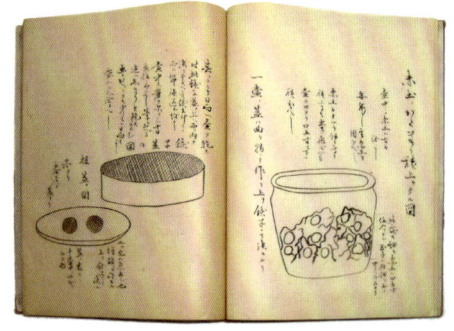

壺飼育での産卵方法、産卵床の説明、孵化までの管理法が記されています。現代の飼育書とほとんど変わらない内容です。

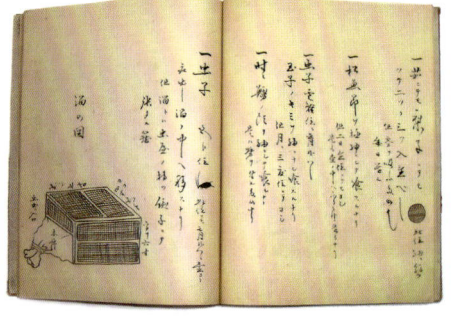

壺で孵したスズムシの飼育法がとても丁寧に書かれています。五分ほどに育ったら、壺から出し図のネットケージで飼うようにすすめています。このケージが現代のものとほぼ変わらない機能を備えているのがすごいところ。

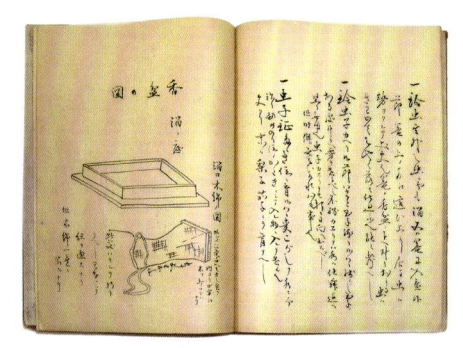

ある程度育ったスズムシの管理法が書かれています が、『はったい粉』という麦の粉を練ったものを餌に するようにすすめています。

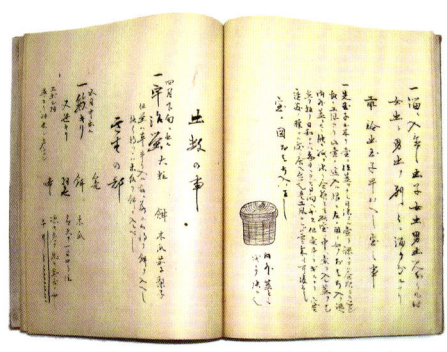

スズムシの卵を早く孵化させる『早孵し』の極意が 書かれています。

江戸時代の虫売り。看板が判じ絵になっており、左から マツムシ、スズムシ、クツワムシ。江戸末期から明治の 京都、兵庫、大坂でも似た屋台で虫を売る描写が見られ ます。

歌川豊国『夜商内六夏撰 虫売り』 1800年代中頃。この頃の虫売りは屋台 は市松で、番頭は派手に歌舞いた身成で 商売をしていたらしい。

このご時世、何かを飼いたいと思ったら、ネットなり書籍なりで、大抵の生き物については大なり小なりの情報が出てくるもので、「あれ？ツユムシの餌ってなんだ？」と疑問を持っても、その答えには大した価値は見いだせないように思います。ところが、ネットも電話も写真もない時代の人たちにとっての情報とは現代とは比べものにならないほど、それこそ月とスッポン以上の価値があったでしょう。そんな中で出版された『鈴虫之作様』は当時の鳴く虫の飼育者にとってどのように映っていたのでしょう。

現代に生きる私でさえ、この本の情報に感動し何度も読み返したものですから、良い本というのはいつの時代の人が見ても色あせないものなのかもしれません。

捕まえる

鳴く虫を探す

鳴く虫が欲しいと思った時にどのようにして入手するか。スズムシやキリギリスなど一般的な種は、時期になるとペットショップで取り扱われていたり、ネットショップで売られていることもあり、買うという手段も選択肢のひとつです。

しかし都市部の街路樹でも家の前の公園でも、鳴く虫はどこにでも生息しているのです。身近な所でも鑑賞価値の高い種も沢山いるので、まずは『軽く探してみる』ことをおすすめします。

そして普段から野生の鳴く虫を意識していると、遠くへ旅したとき、郊外へ出かけたときなど、思わぬお宝の存在にも気づけるようになり、鳴く虫の楽しみがより広がるでしょう。

探し方の心得

鳴く虫といっても種類やタイプによって探し方もコツも様々です。

まずは図鑑部分を参考に狙いの虫の生息環境や発生時期を定め採集に出かけましょう。耳を澄まして歩くだけで、ある程度は虫自らが鳴き声で居場所を教えてくれるので、狙ったものを比較的採集しやすい生き物群だといえます。

ある程度慣れてくると、カタカナ表記の鳴き声と実際に聞いた声が一致する種類も増えると思いますし、初めて聞いた声でも後日、本のカタカナ表記を見ていて一致することも多々あります。

またウェブ上には音声を配信しているサイトもいくつかあり、とても参考になります。しかし、鳴く虫の声の周波数は普通のマイクで拾えない音域が多く、サイトや鳴く虫の種類によっては生の声と全く違って聞こえるものもしばしばあるので、ウェブ上の音声を全面的に信用するはいささか注意が必要です。上田ネイチャーサウンドのホームページは徹底的に音にこだわっていて、限りなく耳で聞いた生の音に近い鳴く虫の音声を網羅的に配信されているので、鳴き声の勉強や採集前の予習に大活用できるでしょう。私自身も鳴く虫の採集の前に狙った虫の声をこちらで何度も確認し耳を慣らしてから出かけるほどです。

探す時は常に鳴き声をイメージしながら歩くというのが基本となりますが、いざ目的の虫の声が聞こえたらどうするかは、種類により適した手段が異なってきますので、各採集法を紹介していきます。

♪鳴き声ライブラリー UNS『上田ネイチャーサウンド』http://uns.music.coocan.jp/

基本中の基本
ルッキング法（目視法）

適応種

ほぼ全ての鳴く虫に有効

特にコオロギ類全般、地表性ヒバリモドキ全般、大型キリギリス科全般、クサキリ類、ササキリ類、クツワムシ科

初夏の夜、道路に出てきたコガタコオロギ

トウダイグサ科のヒマ（トウゴマ）の葉を食べるダイトウクダマキモドキ。ヒメクダマキと共にトウダイグサ科の葉を好んで食べる（６月宮古島）

ルッキング法とは単に目で見て探す方法で、虫に気づかれる前に見つけて捕獲する手段です。

鳴いている声のあたりを見て探すだけなので、特別な道具は必要ありませんが、『虫が居そうな場所』を常にイメージ出来ないとなかなか見つからないこともあります。また目視の精度を上げるために、鳴く虫の声の方向をなるべく正確に知ることも重要です。

薮の中で鳴き鋭く反射する音はとても音源を特定し難いのですが、サランラップの芯などを利用した音源プローブ（P120）を耳に当てながら音源を探ると、かなり正確に音の方向がイメージできるので、目で探す範囲を狭められ効率的です。

地表性のコオロギ類の多くやヤブキリ類などでは、シーズン最盛期の夜間から早朝は生息地の周辺の舗装道路や山道など視界の広い地面を盛んに移動することが多いので、生息密度の高いところでは声に頼らずとも、道を見ながら歩くだけで多くの収獲が期待できることもあります。

昼行性のキリギリス類も大きな声でよく鳴くので基本的にルッキング法が有効ですが、非常に目がよく人の気配にとても敏感で近づくとすぐに逃げる種ばかりです。そのため昼間の暑い時間帯は草木の茂る薮で彼らを見つけても採集は非常に難しいので、早朝か夜間に捕まえるのがおすすめです。また、あらかじめ生息地がわかっていれば、時期の早い幼虫は個体密度も高く、周囲の草もあまり繁っていないことが多いので昼でも採集は容易になります。

追いだし法

捕まえる

適応種

コオロギ類全般、キリギリス類、マツムシ、地表性ヒバリモドキ全般、キンヒバリなど

結局はこれも目視ですが、平常行動をしている虫を探すルッキング法とは逆に、虫を刺激しアクションを起こさせて見つける方法です。

河川敷、田んぼの畔、林縁などで山積みされた藁や、刈り取られまとめられた雑草の下などはコオロギ類や地表性のヒバリモドキ類の良い隠れ家になっています。このような場所を落ち葉かきで掘ったり、足で除けたり、踏んだりして、驚いて飛び跳ねてきた虫を捕まえる方法です。

オカメコオロギ類、エンマコオロギ、ツヅレサセコオロギなどは沢山捕れることがあります。クマコオロギ、ヒメコオロギなどの見つけてちょっと嬉しい種類もこの方法でよく見かけますので、良さそうな場所が目についたら、ちょっとガサガサしてみてはどうでしょう。

この他、深い薮や密生したススキなどの中に住んでいるマツムシなどを、舗装された地面のようにより捕まえやすい場所に追い出す場合にも有用で、状況によってはキリギリスなども追い出せます。

またキンヒバリやセグロキンヒバリなど水辺の密集した草地に生息する種は、あえて水に落とすような加減で追い出すと、飛び出た虫が水面に浮いてとても取りやすくなることがあります。

めくり法

適応種

一部コオロギ類

普段から生き物を探している人にとっては癖みたいなもので、無意識に行ってしまう方法です。ある程度の大きさの石や岩、倒木、捨てられた木の板などの下に潜んでる虫を探す手段で、手で対象物を持ち上げてその下の虫の有無を確認します。

目的とする動物群によっては最重要な採集方法ですが、鳴く虫ではあまり効果が期待出来ない探し方といえます。

とはいえ倒木の下からクチキコオロギが多数見つかったり、ツヅレサセコオロギ属やオカメコオロギ属が大当たりしたり、稀に越冬中のナツノツヅレサセコオロギがそこらじゅうの石の下から見つかることもあるなど、たまに予想外の収穫が得られるので、適当な岩や倒木はとりあえずめくってみましょう。本書に掲載していませんが鳴く虫の仲間であるアリヅカコオロギはこの方法以外ではほとんど見つけることができません。

外灯回り法

適応種

多くのツユムシ類、いくつかのコオロギ科、ヒバリモドキ科、フタツトゲササキリ、クサキリ類（ササキリモドキ類）

ロッジの灯りにたくさんのツユムシ類が寄ってきた

ヒバリモドキ類の長翅型やツユムシの仲間もよく光に集まる。自動販売機にて。

光に集まる鳴く虫を探す方法で、この方法以外ではほとんど見つからない種もいます。

一昔前ならクワガタ採集で絶大な効果のあった採集方法ですが、近年ではあまり有効ではなくなってきました。一部の昆虫は紫外線を含む光に誘因される性質があり、水銀灯や効果が落ちるものの蛍光灯などにも集まります。そのため山間のコンビニや、峠など山の中の公衆便所や、電気で照らされている看板など、その周辺には多くの昆虫が集まりました。しかし最近ではほとんど紫外線を含まない LED 電球が普及し、外灯回り法の実入りが少なくなっています。エンマコオロギ、オカメコオロギ、シバスズなど超一般種の長翅型は普通に見つかりますが、フタツトゲササキリの長翅型や樹上性ツユムシ類などちょっと探しづらい種は外灯を中心に探してみると良いでしょう。

時期や地域、タイミングによっては郊外のコンビニではキンヒバリ、カヤヒバリなどが沢山ついていることもあるので、普段から意識しておくと、たまに嬉しいことがあります。

また、本書ではあまり紹介していないササキリモドキ類全般（とても珍しい種も含む）には最も有効な採集方法のひとつと言えます。とにかく自動販売機、公衆便所、外灯などの灯りの周辺を見て回ってみましょう。一度チェックしたところでも 2 時間もすると飛来している昆虫の内容が変わるので、時間をおいて今一度見に行くのも効果的です。

灯火採集（ライトトラップ）

適応種

走光性のある種（ツユムシ類、ヒバリモドキ、ササキリモドキ）

鳴く虫だけを狙うのは難しいが、様々な種類の虫が集まる

写真 筒井学

捕まえる

灯火に寄ってきた鳴く虫達

アマギササキリモドキ（8月伊豆半島）

長翅型のタンボコオロギ（6月石垣島）

特に鱗翅目や甲虫を集めるのに有効な手段で、設備と準備は大変ですが当たれば非常に効率的な採集方法です。

理屈は外灯回りと同じで紫外線を含む光源を利用することで昆虫を呼び寄せるのですが、外灯回りと違い採集者の任意の場所に虫を呼ぶことが出来るため、より精度の高い採集ができます。また、灯火で虫が来るのを待っている間、周囲の探索も出来るので効率的です。

樹上性でなかなか人目につかないツユムシやササキリモドキなどを狙う際には有用ですが、鳴く虫全体を見渡しても灯火でなければ捕れない種というのはいないので、よほど特殊な種を狙うのでなければ、コストに見合わないかもしれません。ただ、鳴く虫に限らず予想外の色々な虫がやってくるのでとにかく楽しいのです。

111

🔍 スイーピング法

適応種

カンタン類、ヒバリモドキ類、カネタタキ類、ツユムシ類の採集に効果的

網の枠をほんの少しだけ上向きにするように心がけ、ほぼ水平か、下から上に救い上げるような気持ちで往復ビンタのように網を振る。

虫網を使って鳴く虫が潜んでいそうな薮や草むらをランダムに掬い、無作為に虫を捕る方法。
虫が鳴いている場所、虫がいそうな場所、もしくは生息が確認できている場所などでターゲットが目視できていない状況下の中『勘』で網を連続で振り、目的の虫が入ることを目指します。

草上性のヒバリモドキやカンタン類などの採集に絶大な効果を発揮することがあり、特に人影に敏感ですぐに逃げてしまうクサヒバリなどはスイーピングが最も効率的な採集方法です。しかし、道具にかなり負担がかかるので、普通の捕虫網などではすぐに壊れてしまうことと、効率的に採集ができる反面、脚が取れてしまうなど虫を傷つけてしまう事故も頻繁に起こります。

また、網の振り方や狙う場所にも『勘』が必要になってくるので、慣れるまでは思うように成果が上がらないかもしれません。コツを掴んだ上で、普段からこまめにスイープする癖をつけておくと、思わぬ所で思わぬの良虫がネットインすることもあるので、デメリットを差し引いてもとても有用な採集方法です。

スイーピングの道具

スイーピングの網の選択肢は2つあります。1日で壊れてしまっても涙が出ない程度の価格の使い捨て覚悟のものか、頑丈でちょっとやそっとじゃ壊れないもののどちらかです。使い捨て覚悟といっても100円ショップやスーパーで売っているような虫取り網では強度が足りず全く使い物になりません。釣具屋などで売っている川遊び用の小さいタモなどは使いやすくて良いです。

頑丈で長期的に使えるものを選ぶ場合は、枠の半径が36〜40cmくらいで折りたたみ式でないものが汎用性が高く非常に使いやすいです。それでも材質によってはたまに折れてしまうし、なかなか手に入らないという欠点があります。また網の深さはあまり深くない方が鳴く虫のスイープには使いやすいと思います。

釣具屋で買った川遊び用のタモ

しばらく使っていると金属疲労でボキッと折れてしまうので、最初から使い捨てと割り切って使うのが良いでしょう。網は青い色のものをよく見かけますが、もし手に入れば白い方が虫を目視しやすく使いやすいです。

スイープ用捕虫網

枠は虫取り用のアルミ枠だと強度が不安なので、やや高価ですが釣り用のチタンやステンレスがおすすめです。折りたたみ式は壊れやすいので、なるべくワンフレーム式（折り畳まないタイプ）が良いです。ロッド（柄）もなるべく頑丈で構造が単純なものが良いでしょう。釣り用のカーボンのタモ棹だとすぐに折れてしまい使い物にならないので注意しましょう。ネットは深すぎず浅すぎず、私は深さ45cmのものを使用しています。スイープ用の深さが浅いものも一応は存在はします。入手しづらい場合は一般的な捕虫網でも代用できますが、もし手間がかけられるのならミシン等で少し底上げすると使いやすくなると思います。

🔍 ビーティング法

適応種

カネタタキ類、ヒラタツユムシ、アオマツムシ、カンタン、樹上性ツユムシ類

基本的にはたたき棒で一撃必殺で一発で落とすパターンが多くなると思いますが、太くて頑丈な枝ならガンガンと何度も叩いたり、細くてしなる木や枝ならば手で枝を持ち一気に激しく揺るなど、状況によって効果的な衝撃は異なるので臨機応変に。

たたき棒の持ち手部分を手の届かない枝に引っ掛けて揺する方法もあります。

灌木などを住みかとする鳴く虫を採集するのに有用で、カネタタキ類やヒラタツユムシなどには最適な採集方法のひとつです。まず鳴く虫が潜んでいそうな灌木の下にビーティングネットを構え、虫を一気に落とす気持ちで枝をたたき棒で叩いて虫を落とし、ネットに降ってきた虫を捕獲します。

叩く場所やネットを構える位置など、経験に基づく『勘』が必要ですが、叩く時はなるべく強く一撃で。またネットに落ちた虫はすぐに跳ねて逃げてしまうので、ネットを持つ手は虫が跳ね難くなるように小刻みに揺すりながら作業するのもコツのひとつです。それでもネットに落ちた虫はどんどん逃げてしまうので、素早く虫を回収する手際の良さも要求されます。良いポイントを見つけるとカネタタキ類などはボトボト降ってきますし、マツムシモドキ類やササキリモドキの採集にも効果的です。

ビーティングの道具

ビーティング法は小型カミキリやタマムシの採集などで昔から普通に行われている採集方法で、多くの愛好家がこの技術を身につけています。それゆえ、ビーティング用の道具も専門店で普通に取り扱われているので簡単に入手できます。また、構造が単純なため、見よう見まねでも市販品と遜色のないものが自作可能ですので、自身で作ってみても良いでしょう。

ビーティングネット

昔から使われている一般的な形状のもの。市販品は70cm角くらいのサイズが一般的。それ以上のものもありますが、鳴く虫採集でも70cmくらいのものが良いでしょう。受け布は意外とすぐに汚れますが取り外して交換、または洗えるようになっています。

ビーティングネット（輸入品）

枠がスプリングでコンパクトにたためるので電車移動の際などは邪魔にならなくて便利。
また、スプリング枠なので縁がフレシキブルに障害物にある程度馴染むので、何となく取りこぼしが少ないような気がします。一般的な四角いネットのように角がないので、少し奥まったところに角から食い込ませられないのが多少気になりますが、とにかくコンパクトなのが強みです。

傘で代用

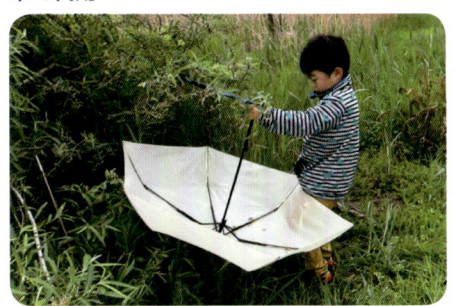

専用の道具ではないので使用感は少々悪いものの、傘もビーティングネットとして使えます。落ちてきた虫が見えやすいように生地が白っぽいものを選びましょう。下草などをビーティングする際は意外と傘の方が使いやすいです。
鞄に入るサイズの折り畳み傘でも十分役立つので、雨具兼ビーティングネットという認識で採集時に持ち歩くのも良いかと。

たたき棒

叩いた枝にパワーを存分に伝えられるものが良く、重さ、堅さのバランスが重要で、登山用の安めのストックがおすすめ。叩く時は伸ばして使うと折れてしまうので、短く萎めた状態で叩き棒として使いましょう。消耗品と割り切って100円ショップなどで売っている安価な杖などを利用するのも手。そのほか適当な材木など代用品は色々とあります。捕虫網のロッド部分がアルミなどでしっかりした作りであれば叩き棒としても使えます。歪むと困るので多用は禁物ですが・・・

トラップで採集

地表性のヒバリモドキの仲間は非常に素早く捕獲が難しいことが多いので、トラップを仕掛けることで楽に採集できる場合もあります。また、ヒメコオロギなど入り組んだ所に潜んでいるために捕獲が難しい種の採集や、ルッキングなど他の採集法を実施している間に＋αの採集を狙ってトラップを仕掛けると良いでしょう。本書ではあまり紹介できなかったウミコオロギの仲間の採集には絶大な効果を発揮できます。

トラップに使う道具

プラコップ

ペットボトル

420mlほどの蓋付きのものが使いやすいです。コンロで熱したドライバーやはんだ小手等で蓋に穴を開けます（1cm未満のものを10〜20個ほどが適当）。餌は適当量。少ないよりは多い方がよいでしょう。いろんな虫がいっぱい入ると虫同士で揉みくしゃになるので、適当な落ち葉や、ティシュなどを少し入れておくと生体が痛みにくいです。

ペットボトルを加工したものもトラップに使えます。オサムシサイズの昆虫も侵入してしまうので時期や場所を選びますが、効果は高いです。
餌を中に入れてしまうと、構造上匂いが外に拡散せず虫を誘因しないので、枝や竹串にソーセージを刺して図のように設置すると効果的です。

スコップ

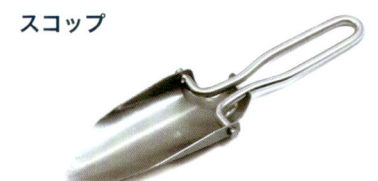

コップを埋める穴を掘る必需品。地面が堅いと金属疲労で折れるのでステンレス製がおすすめです。

球根植え器（球根ショベル）

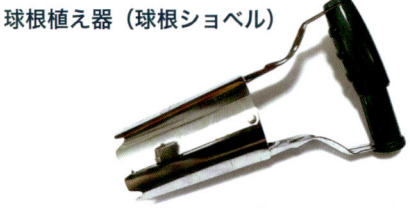

この道具で作った穴は400cc前後のコップがジャストフィットします。地面が柔らかい草地限定ですが、状況次第でスコップよりも作業効率は良いです。

ベイトトラップ 1　地面

適応種

カネタタキ、クチキコオロギ、地表性コオロギ、ヒバリモドキ類　（ウミコオロギ類には効果絶大）

ベイト（餌）で虫をおびき寄せる採集方法です。具体的な方法はいくつかありますが、ただ単にベイトトラップというと、コップに餌を入れる方法を指す場合が多いです。餌を入れたコップを地面に埋め、匂いに誘われコップに落ちた虫を採集します。

オサムシなどの徘徊性の甲虫の採集で一般的な手法ですが、鳴く虫にもある程度の効果が期待できます。地表を徘徊するタイプの鳴く虫で特に採集が難しいカワラスズやヒメコオロギ、採集が難しいわけではありませんがクマスズムシや多くの地表性ヒバリモドキも得られます。
使用するコップは使い捨てのプラコップを使用しますが、なるべく深さのあるビール用のものなどが良いです。誘因用の餌は、魚肉ソーセージ、するめ、鰹節など。コップの中に餌を入れて、落とし穴のように地面に埋めるだけですが、ハサミムシやオサムシなど招かざる客によって小型コオロギなどが食べられたり、脚が取れるなど痛んでしまうことがあるので、蓋をして目的の虫のみが入れるようなサイズの穴をあけると安心です。蓋とコップが組みになってるプラコップも使いやすいです。

トラップを設置するのは普通は数時間、最大でも 24 時間くらいが目安になると思います。
時間が長いと餌の匂いは薄れ、効果が弱まるばかりでなく、招かざる客の侵入リスクも高まるので、あまり良い結果が得られなくなります。目的の虫の密度、天候等、さまざまな条件により効果は左右されますが、条件が良いとほんの数分で虫が入っていることもあります。例えば、採集ポイントへ到着し、トラップを 10 〜 20 個ほど仕掛けてから、1 時間〜数時間ルッキング等の別の採集方法で採集をし、最後にトラップを回収してから帰るという流れが効率的で無駄がないと思います。

トラップが 2 個埋まっています。
夜には声がするけれど姿が見えないような場所に埋めます。

ベイトの匂いに釣られてやって来たエンマコオロギの幼虫。穴に頭を突っ込んで今にも入りそう。

ベイトトラップ2　樹上・壁・岩場

適応種

カネタタキ、クチキコオロギ、カマドコオロギに最高

プラコップの中にベイトを入れ、樹上や壁など立体的に活動する種を採集する方法です。カマドコオロギとウミコオロギ類には高い効果が期待できますが、樹上性種にはそこまで効果的ではないので他の採集方法と併用して＋αが得られれば儲けものくらいの気持ちで望むと良いと思います。

カネタタキ類、クチキコオロギ類を狙う

南西諸島のマングローブ林に生息するリュウキュウカネタタキやヒルギカネタタキなどを狙うのに効果的です。鑑賞価値は低いですがマツムシモドキ類も副産物として得られることがあります。
クチキコオロギを狙う際は彼らの声がする木や洞の近くにトラップを仕掛けると良いです。
カネタタキ類はプラコップの内壁も登れ自由に出入りしてしまうので、一度中に入ったら落ち着いて居座れるように落ち葉やキッチンペーパーなどを入れておくと良いでしょう。

ペットボトルを使った例。カネタタキ類を狙う場合、枝先に多いのでもっと葉が密集したところに仕掛けましょう。※写真のベイトはカニカマ

クチキ類を狙って洞の近くにプラコップ。マスキングテープで固定すると安定します。クチキ類は1～2匹しか入らなくても成功といえるでしょう。

トラップの中で鰹節を無心に食べるクチキコオロギ

ハルニレの樹幹に設置

捕まえる

118

カマドコオロギ、ウミコオロギを狙う

これらのコオロギは餌に対する執着が強いため、匂いに釣られ短時間で効果が得られることが多いです。条件が良ければ見ているそばからポトポトと獲物が入って来ることもありますが、海辺ではフナムシが、森ではゴキブリが入ることもしばしばなので、状況に応じてベイトトラップ1と同様に蓋付きのコップを使用し穴のサイズ等を調整しましょう。

カマドコオロギ

カマドコオロギがうろうろしている壁の縁や道路の縁石に設置します。
登れるようにキッチンペーパーなどでスロープをつけると効果増大。

ウミコオロギ類

ウミコオロギがうろうろしている飛沫帯に紐やハリガネ等で引っ掛けます。または岩の隙間やテトラポットの隙間に挟み込むのも良いです。
万が一、波しぶきが入っても水がたまらないように底に穴をあけておきましょう。餌は図のように入り口に竹ひごなどで宙づりにするとより効果的です。

写真 林正人

写真 林正人

ベイトトラップ3　石積みトラップ

適応種

労力に見合わないことが多いですが、カワラスズを狙うなら選択肢のひとつに
ガレ場のような入り組んだ所で鳴いている種は採集が難しいので、その場合は石積みトラップが有効です。しかし、セッティングが大変なわりに見入りが少ないのが少々悲しい。マダラスズやエンマコオロギなども捕れますが、労力と価値のバランスを考えるとカワラスズくらいにしか活用できない気がします。一応、ウミコオロギ類やハネナシコオロギなどにも効果は期待できるので、知っていて損はないと思います。

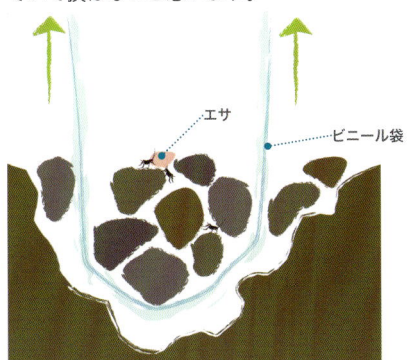

エサ

ビニール袋

石ころを退かしてくぼみを作り70ℓほどのビニール袋を埋めて、あたりと平坦になるように石ころで埋めます。
トラップ上に匂いの強い餌を置き、虫が集まってきたところで、袋の縁を持ち上げます。あとは石だけを取り出せば、虫と餌だけが袋の中に残るという単純な採集法です。
ウミコオロギ類では1時間くらいで十分な効果が得られますが、カワラスズは夕方仕掛けて、その日の深夜か翌日に回収するくらいの方が効果的な気がします。

鳴く虫探しに必要な基本的な道具

各採集法に応じた道具とは別に、基本装備として用意しておきたい道具を紹介します

捕まえる2

懐中電灯

夜に鳴く種類が多いため懐中電灯は必須です。明るいと鳴くのをやめてしまうからという理由で、赤いセロファンをフィルターにしたライトを用いて観察会を行うことも多いようですが、最盛期で必死に鳴いている鳴く虫のほとんどはちょっとやそっとじゃ鳴くのを止めないので、あえて暗くするのは探しにくくなるためデメリットの方が大きい気がします。確かに明るすぎると鳴くのを躊躇する種も少なからずいますが、明るく広範囲を照らせるパワーの強い懐中電灯のほうが効率的です。パワー重視の手で持つものと、両手の自由が利くヘッドライトとの併用がおすすめ。

虫除け

必須。鳴く虫の多い時期は蚊の多い時期でもあるので、これを忘れると虫の声に集中して耳を傾けられなくなります。

落ち葉かき

ルッキング時など普段の採集から持ち歩くようにするととても便利です。
ちょっと気になる石や、堆積した落ち葉をいちいちしゃがまずに退かせるので効率的に探せます。追い出し法の効率化や、ちょっとした軽いビーティングには叩き棒代わりにもなります。

音源プローブ（音源特定筒）

鳴く虫の種類、鳴く環境などによっては音が反射して鳴いている場所のピンポイントでの特定が難しい場合があります。入り組んだ枝の中で、より正確な音源の方向を絞るのに役立ちます。
サランラップの芯など細長い筒を耳に当てて音の方向を探れば、まっすぐ飛んでくる音のみを拾いやすくなるのでかなり方向が絞りやすくなります。
他にも竹筒や、即席的には筒状に丸めた週刊誌などでも代用できますが、メガホンのように末広がりなものは意味がなく、まっすぐな筒状のもので、ある程度の長さと厚みがあるものが良いです。

ビニール袋小

鳴く虫を持ち帰る時や、鳴く虫を袋の中に追い込む時に便利。非常に有用なのでキッチン用ものなどをまとめて用意しておくと良いでしょう。
特にキリギリス、クツワムシなど大型で力がある虫は複数でまとめて入れると傷つけ合ってしまうので、1匹ずつ入れましょう。サイズは 15cm ×25cm くらいのものが使い勝手が良いです。

はさみ

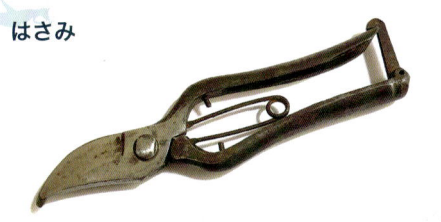

鳴く虫を持ち帰る際に足場や餌となる植物を入れる時などその植物を切るのに必要。
イネ科植物をはじめ、草の種類によって手ではなかなか抜いたり切れない場合があります。

バットディテクター（参考品）

基本アイテムというには少々敷居が高すぎますが、持っていて便利な道具。コウモリの超音波を人の耳で聞こえるように変換するもので、聞き取りづらい声で鳴く種や音源の方向を定めるなど、鳴く虫の採集にも有用。特にササキリやササキリモドキを探すのに効果的です。

プラケース・むしポーチ

コオロギ類、ヒバリモドキ、カンタン類などを採る場合、普通は複数個体の採集になると思います。しかし、これらのケースだと次々獲物を入れようとしても、入れたそばから先に入っていた個体が出てくるので意外と使いづらいです。
ただ、比較的動きがおっとりしていて、互いに傷つけあうことの少ないツユムシ類やクサキリ、ササキリのコンテナとしてなら結構使いやすいので、むしポーチくらいは用意していても損はありません。

コオロギ用虫網

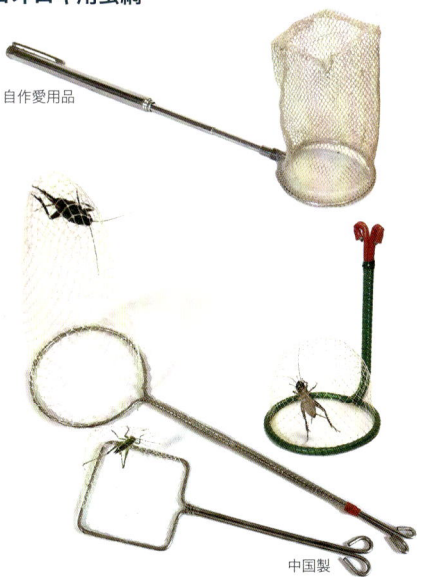

自作愛用品

中国製

ツヅレサセコオロギやエンマコオロギを採集する専用の虫網。中国では普通に使われていますが、日本では手作りするか、ネットショップで手に入ります。タイプがいくつかあり、ネットが深いものは野生のコオロギを捕獲する際に適しています。

鳴く虫の持ち帰り方

実際に見つけた鳴く虫を捕獲し元気に連れて帰ることがなにより重要だと思います。なるべく傷つけずに捕る方法、捕まえた鳴く虫を自宅の飼育ケージに移すまでの注意する点などを紹介します。ヒメギスやエンマコオロギくらいのサイズであれば、素手で捕獲するほうが効率的かもしれませんが、特に小さい種の鳴く虫では後肢や触角が取れやすく、体も柔らかいので、雑な扱いは禁物です。

ジュースカップで捕る

透明のジュースカップに穴をあけたものをたくさん用意し、鳴く虫を見つけたら、そっと近づいてカップをかぶせます。あとは下の隙間からゆっくり蓋を差し込んで閉じ込めます。こうすれば、そのまま持ち帰り用の運搬ケースにもなります。腰にスーパーの袋を下げておけば、虫の入ったカップをどんどん入れることができ、スムーズに採集するができます。

草の上にいる場合は片手にコップ片手に蓋で挟むように。

地面にいる場合はそのままがばっと。

かぶせた後は差し込むように蓋をする。

ビニールで捕る

草木の少ない開けた場所で跳ね回るコオロギを捕るのに便利。コオロギが次に跳ねそうな場所を予測しつつ追い込むようビニールに飛び込むように誘導します。素早く跳ね回る小型のスズの仲間にも有用。

枝先の葉などについている鳴く虫に葉ごとそっとかぶせて、または袋の中に落とすように捕る。カネタタキ類やツユムシ類が安全に捕れます。

コオロギ用虫網で捕る

コオロギ用の網は個体数の多い場所で次々捕獲する時に便利。プラケースや、大きめのビニール袋に捕ったコオロギをどんどん入れていけます。

昔ながらの鳴く虫を捕る筒（虫吹）

トイレットペーパーの芯や、紙コップの底を切ったものなど適当な筒の片側に網を貼ったもの。この道具を虫にかぶせて、筒の中に息をフーッ！吹き付けると虫が暴れて、網にしがみつきます。状況によってはコオロギ網より使いやすいことも。

生き物を捕まえて持ち帰るため、一時的に何かの中に入れることになります。これをパッキングといいます。雑であったり、失敗したりすると、せっかく捕った鳴く虫も弱ってしまったり、場合によっては死んでしまったりすることもありますので、各種に見合ったパッキングを紹介します。

捕まえる

ジュースカップ・プリンカップ

丈夫。潰れる心配がなく大型のコオロギも食い破って逃げる心配がないので、扱いやすく信頼度の高いパッキング材です。キリギリス類全般、大型のコオロギなどの1匹ずつのパッキングに適しています。しかし、気密性が高くケースの中が蒸れすぎるのであらかじめ通気用の穴あけ加工は必須。蓋と本体の上下の組み合わせを維持するのがめんどくさいし、妙にかさ張るというデメリットはありますが、貴重な鳴く虫を無傷で確実に持ち帰るにはとても信頼できます。

スポンジで蓋をする

小さなプリンカップには大型のコオロギを1匹ずつ入れると脱走や怪我の心配がなく安心。

ヒバリモドキ類やカンタン類であれば、ジュースカップで採集しつつ、そのまま複数個体をパッキングして持ち帰ることができます。

ビニール袋

飼育ケージに移すまでの時間が短い場合に特に有用です。エンマコオロギやツヅレサセなど中型以上のコオロギはごく短時間でビニールを食い破って逃げてしまうことがあるので、それらには使用できません。また、夏場の日中などは蒸れて中が高温になりやすいので注意が必要です。大型のキリギリスやウマオイやツユムシ類を1匹ずつ入れたり、あまり大きくない小型のコオロギ類やスズ類を持ち帰るのにとても良いです。とにかく、2～3時間くらいで帰れるのであれば楽で良いパッキング材といえます。

穴あけ不要

キリギリス類は食べそうな葉っぱも1枚くらい入れて、大型の個体であれば1匹ずつ入れると良い。

スズ類、小型コオロギは、複数の個体を同時に沢山入れられます。必ず足場となる適当な草を沢山入れます。

プラケース

このままでも飼えるような容器なので、持ち帰るまでの個体の傷み、脱走の心配、潰れてしまう心配など全て無効の優れものですが、とにかくかさ張るので何個も持ち歩けません。共食いをあまりしない種同士をどんどん投入する時に便利です。プラケースを使う場合は、過密過ぎて個体同士が喧嘩等をしないよう、足場になる草木をたっぷりと入れましょう。

飼育する

古い時代から飼育が楽しまれてきた鳴く虫。
ただ鳴き声を楽しみたい、幼虫から育てたい、繁殖させたい、など目的や虫の種類によって飼育方法も異なります。
スズムシのように飼い方がよく理解されている種もいる一方、最適がよくわからない種も数多くいます。が、お手上げなほど飼育が困難な種はほとんどおらず、意外とすんなり飼えることが多いのも鳴く虫の良いところでしょう。
しかし、基本的に短命です。
鳴く虫はほとんどの種は孵化してから産卵して死ぬまでの期間は半年程度で、成虫に限ると、2〜3ヶ月の寿命なのが普通です。
タイワンクツワムシのように成虫で1年以上生きることもありますが、平均寿命が長めの大型のキリギリス類でも成虫で5ヶ月生きれば往生といえます。
それを念頭に飼育を楽しんで頂ければと思います。

プラケース飼育

プラケースを使った鳴く虫の飼育は現代では最も基本的な方法です。専用のプラケースはありませんが、サイズも各種揃っており、蓋の種類も通気性の良いものや湿度を保ちやすいものまで様々で、幼虫から成虫、産卵、卵の管理まで状況に応じて使い分けができます。

P1 コオロギ類の標準的な飼い方

適応種
エンマコオロギ類、ツヅレサセコオロギ類など中型から大型のコオロギ全般

ナスや白菜などの野菜はいつも新鮮なものを

小さな幼虫は蓋のスリットから逃げたりするので、寒冷紗や布などを蓋とケースにかませる。湿度調整のためにビニールなどをかませたりもする。ビニールは湿度に応じた数の穴を開ける

コルク

落ち葉

寒冷紗

鉢カケ

餌皿

床材は左右で違うタイプのものを敷くとどちらか好みの方で産卵する

床　材 コオロギ類の多くは土の中に産卵するため床材がそのまま産卵床にもなるので、最低でも飼育する種の産卵管の2倍くらいの深さで、出来れば3倍くらいの深さがあった方が良いでしょう。ある程度の厚みがあれば湿度や温度など土中の環境も安定しやすいです。
土中は濡れすぎず、乾きすぎず。よく床材として使うピートを例にすると、おにぎりを作る要領で両手で堅めても地面に立てて置いたらポロっと形が崩れる程度が基本。
素材は種類や個体によって好みの差があるので2種くらいを半々に敷くと良いです。ツヅレサセ系やオカメコオロギ系エンマコオロギなら半分をピート系、半分を黒土系といった具合。ミツカドコオロギやオオオカメなどは畑や、やや乾いた環境にいるので半分を目土や砂系でちょっと乾き気味に、もう半分をピート系で念のためやや多湿に、という具合にその種の生息場所をイメージしながら、保険的に2〜3パターンの床材で飼育すると格段に産卵させやすくなります。

隠れ家 鉢カケ、コルクなどの木の皮、落ち葉など。
床材が湿っているので紙製のポットや卵パックではカビだるまになります。

餌　皿 湿った地面の上に人工飼料を置くとすぐにカビが生えるばかりでなく、ダニの温床になりやすいので、餌皿を使います。普通の皿だと高さがあり登れないこともあるので、落ち葉をスロープ代わりにするなど工夫しましょう。または厚紙や落ち葉などを餌皿代わりにしてその都度捨てるのも良いです。
野菜などは適当にドカっと大きなものを置いて、傷む前に交換します。

P2 コオロギ類応用　少し地中性

適応種
クロツヤコオロギ、タンボコオロギ、クマコオロギ、ヒメコオロギなど
穴を掘らせることでより落ち着いて飼える種

湿度調整用に適度に穴をあけたビニールをかませる
市販のビニール製のコバエ
防止シートが使いやすいことも

水苔産卵棒（P137）

コルク

巣穴を掘るため床材はプラケースの半分くらいまで入れる

黒土を混ぜた床材　　ピート系

産卵するクマスズムシ

タンボコオロギやクマコオロギなど田んぼの畦道などに住む種は床材の湿度を高めにするなど、生息地をイメージしながら調整します。多くの種は床材がそのまま産卵床にもなるので、2〜3種の床材を敷き分けるのは基本ですが、クマコオロギやヒメコオロギなどは『水苔産卵棒』にもよく産むので半分くらい土に埋めるように設置すると良いでしょう。

P3 コオロギ類応用　乾燥系

適応種
ハマスズ、カワラスズ、スズムシ、エゾエンマコオロギ、ミツカドコオロギ
やや乾燥した環境を好む種

水入れ

寒冷紗が良いが、乾きすぎるようなら穴開きビニールなどで調整

ハマスズやカワラスズなどには産卵床に水苔産卵棒を半分くらい埋めておくと良い

砂系　　目土など

砂地に住む種は多湿による不衛生な地表を嫌う種が多いので、衛生面に注意しましょう。乾燥気味を心がけると虫自体が脱水しやすくなるので水入れを常備すると良いです。虫が溺れないように水入れの中に水苔を入れて足場にしますが、乾いてくると産卵場になってしまうので、ここだけは常にびちょびちょ状態が良いです。ミツカドやカワラエンマは大型で丈夫なので別の飼い方でも問題ありませんが、繁殖を考えるなら少し乾き気味の環境の方が良いでしょう。

P4 応用　森や朽ち木系
適応種
クチキコオロギなど

クチキ類は寒冷紗だとすぐに食い破るのでゴースなどの丈夫な布が良い

コルク

ココハスクを散らばらせると良い

ヤシ殻ピート

目土とヤシ殻ピートを混ぜたものなど

森に住むコオロギの多くはP1のような標準的な飼い方で問題ありませんが、クチキコオロギ類と数種はこのような飼い方が適しています。また本書ではちゃんと紹介していませんが、クロギリスの仲間やクチキウマ、森林性カマドウマの飼育にも適したセットといえます。
使用する木の皮は山で拾ってきてもおおむね問題ありませんが、コルク樹皮やアベマキがとても使いやすく虫も調子が良さそうです。

P5 地表性の小型種（特にスズ類）
適応種
ヤチスズ、エゾスズ、チビスズ、ヒゲシロスズ、ヒメスズ

水苔産卵棒

穴開きビニールや子バエ防止シートなどで湿度調整

水入れ

ピートなどをチョイスし強めに湿らす

ハスクなど通気性の良い床材を選び、左右に湿度の緩急をつける

産卵するヒゲシロスズ

地表性の小型種（特にスズ類）は湿地や池の近くなどに住む種が多く多湿を好むものがほとんどのため、ケージ内もそれなりに湿った環境を用意すると良いです。ただし、それだけだと雑菌が繁殖しやすくなったり、ケージ内全体が不衛生になりがちなので、半分ほどの面積は湿度を低めに抑え、乾燥・多湿のメリハリを心がけると失敗が少なくなります。

P6 プラケースに植物

適応種
イネ科植物に依存するクサキリ、ササキリ類、ヒメギス、マツムシなど
植物次第でカンタン、クサヒバリなど

飼育する種類に見合った植木

通称『植込み白菜』
プリンカップなどに水分たっぷりの水苔を入れ白菜の葉1枚を植える
新鮮な白菜なら2～3日で根が出てきて枯れない

寒冷紗をかませる場合は、ハスクが邪魔になるのでキッチンペーパーなどを敷く

何かしらの植物に依存した鳴く虫はかなり多く、それらを飼育する際はネットケージなども良いですが、さほど素早くない種や少数の飼育であれば、プラケースが便利です。
この飼育法で飼える種は全てプラケース側面を登ることができるので、側面からのほうが管理がしやすく、また植物も高さがあるものが多いので、ケースは縦に使用した方が扱いやすいです。カンタンやクサヒバリなどはプラケースのスリット（目）を抜けることがあるので、寒冷紗をかませます。

P7 P6の応用　プラケースに枝

適応種
アオマツムシ、マダラコオロギ、サワマツムシ、一部のツユムシ類など

植込み白菜

アオマツムシなどの場合、食用のエノキやサクラなどの枝を入れる場合と産卵床の枝を入れるパターンとがある
産卵床としての枝にもある程度の湿度が必要なので、水差しにして枝は水分を帯びるようにする

虫が溺れないよう水苔等で栓をする

樹上性のマツムシ類は立体的な活動が得意でプラケースの側面でも普通に張り付くことができるため、脱走はつきものです。個体数が多いと餌やりの度に収拾がつかなくなり、飼育どころではないので、基本的にはネットケージでの飼育をおすすめしますが、プラケースでも個体数が少なければ充分に飼育は可能ですし、数匹の飼育であればプラケース飼育の方が遥かに機能的です。
※メンテナンスは脱走前提で行い、浴室など障害物のすくない空間や70ℓ以上の大きなビニール袋の中などで作業をすれば、ケースから飛び出しても回収が容易です。

ネットケージ飼育

プラケースのようにどこでも売っているものではありませんが、樹上性種や薮の草上を生活圏とするキリギリス上科全般、多くのマツムシ科、ヒバリモドキ類などの飼育にはネットケージが使いやすく、これらの種以外で立体的活動が得意なカネタタキ、ササキリモドキなどの飼育にも利便性が高いのでおすすめです。

なお、強固なプラケースと違い、基本構造が『網』なので、コオロギ類は食い破ることがあり適しません。大型のコオロギやクチキコオロギなどは確実に食い破るので使用は禁物です。

N1 昆虫ネットケージ

適応種
キリギリス、クツワムシ、ヤブキリ、ウマオイ

輸入品のネットケージ
https://shop.bugdorm.com/

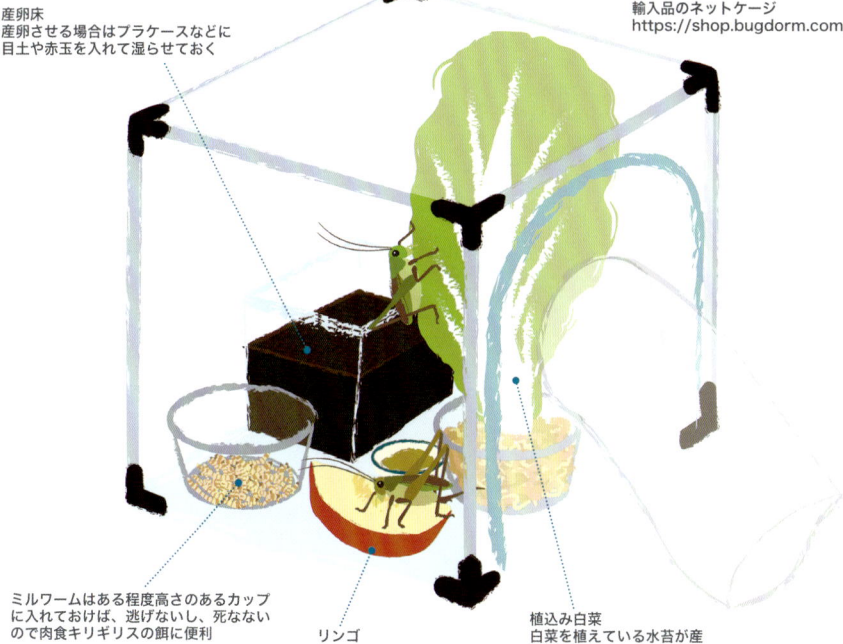

産卵床
産卵させる場合はプラケースなどに
目土や赤玉を入れて湿らせておく

ミルワームはある程度高さのあるカップ
に入れておけば、逃げないし、死なないので肉食キリギリスの餌に便利

リンゴ

植込み白菜
白菜を植えている水苔が産
卵場になってしまうことも

マツムシの仲間やキリギリス上科の飼育の基本ケージ。これらの種は側面でもどこでも歩き立体的な活動をします。特に脱皮はどこかにぶら下がって行うので、プラスチック表面よりネットの方が取っ掛かりがあり、脱皮時の落下事故は少なくなります。また通気性を求める種が多いということもあり、緑色をした鳴く虫の飼育には一番汎用性の高いケージといえます。ネットケージはプラケースほど普及していないものの、インターネット等でも簡単に手に入ります。また、中の仕切りを取り外すという多少の加工が必要ですが、『干しカゴ』という道具でも代用でき、こちらは入手もさほど難しくありません。

キリギリス科の成虫をごく少数、または単体で飼育する場合はネットケージでは大掛かりなので、このレイアウトを参考にしたプラケース飼育でも充分応用は効きます。

N2 ネットケージに鉢植え

適応種
植物に依存するほとんどのツユムシ科とキリギリス科

野外で管理する場合はアリの侵入に要注意

小型種はトレーの水で溺れることがあるので状況により水苔を詰める

何かしらの植物に多少でも依存する種を飼育する場合には特に有用。そのまま野外に置くことも可能で、飼育する種類がそれほど小さくない場合は、雨ざらしでも良いくらいです。種類や数にもよりますが、植木も生かしながらの飼育となるので、シャワーなど雑な水やりで小型種や各種小さい幼虫を痛めないような配慮が必要です。カネタタキ、ヒバリモドキ類などは、この方法でただ飼育しているだけで自然に繁殖してしまいますので、ネットの目が荒いと殖えたそばから野外へ逸出してしまいます。せっかくの繁殖が水の泡となるばかりでなく、生態系へ影響を及ぼす可能性もあるため、脱走には充分な注意が必要です。ヒバリモドキ類の初齢でも脱走できないような信頼度の高い特殊な昆虫専用のネットケージも市販されていますので、小型種にはなるべく専用のものを使用しましょう。

N3 植木に飼育ネット

適応種
植物に依存するほとんどのキリギリス上科とヒバリモドキの仲間

N2に似た飼育方法です。鳴く虫に合わせた植木にそのままネットを被せて飼育します。日当りに合わせた移動や室内と野外の行き来も楽で、植物の水やりも腰水で行えるので作業効率が良いです。こういった飼育をするために作られた専用のネットもあり、ヒバリモドキ類の飼育に特に適しています。また、小型種以外は洗濯ネットを加工したものや、野菜ネット（タマネギなどを入れる袋）等でも代用できます。
※野菜ネットではヒバリモドキの幼虫は逃げてしまう

脱走防止のために、きつく紐で縛る

白菜は鉢の土に挿すと根が出てくる

植物の水やりを腰水で出来るので管理が楽
腰水：鉢底の水受け容器に水を張って植物に水分を吸わせること

実用的な飼育法

「飼育を楽しむ」というよりは「死なないように飼う」「合理的に生かす」「一時的な仮住まい」といった趣旨の飼育法です。普段の飼育法に加え、状況次第で活用すればより飼育の幅が広がると思います。

J1

どかっと白菜やナス

バラバラにエサ　　水を吸わせたコットン（飲み水）

大きな穴

寒冷紗

竹串
脱皮時の足場

底には必ず穴をいくつか空ける

ベアタンクで飼う　繁殖を目的としない場合、また幼虫の育成に良い飼い方。別途産卵場所を設置すれば種類によっては繁殖もできます。
乾燥、過密、ストレスに強い種（要するに強健な種）に限定されますが、衛生的に飼え、管理が楽です。フタホシコオロギ、カマドコオロギ、スズムシ、ムニンエンマ、タイワンエンマなどに良いです。

ジュースカップで飼う　キリギリスやヤブキリ類の若齢幼虫の単独飼育に便利。またウマオイなら幼虫から羽化まで飼えます。単体飼育にすることで共食いの心配がなくなり、脱皮失敗のリスクも軽減できます。

ビニール袋で飼う　ツユムシ類の若齢にも良いですが、ササキリモドキ類の単体飼育におすすめ。乾燥しすぎの心配がなく、多頭飼い時の餌やりの際も一斉脱走する恐れがなくなります。ただし、多湿、蒸れすぎによる弊害には注意が必要です。

枝用ネットで飼う　生きた枝や茎に好んで産卵するクダマキモドキの仲間や、アオマツムシ、または生きた葉肉に産卵する種などを産卵させるのに適しています。
空腹によりネットを破ってしまうことがあるので、野外逸出には気をつけましょう。

131

卵の管理のコツ

直翅類は種類により孵化条件やタイミングが様々ですが、大まかには、休眠という段階を経ないと孵化しない、または正常なタイミングで孵化しなくなる『休眠卵』と、一定の温度以上であれば、休眠をせずとも孵化する、または休眠そのものがない『非休眠卵』の２タイプに分かれます。

基本的に年１化の種のほとんどは休眠卵であり、冬場の寒い時期を体験させる必要があります。本土産の多くはこれに該当します。一方、年２化の種や、幼虫で越冬する種は非休眠卵であるのが普通で、一定の温度管理すると休眠させなくても孵化します。タイワンエンマや、キンヒバリなどがこれにあたります。また、１年中成虫の見られる多化性の種はまず間違いなく非休眠卵ですので、決まった温度で管理すれば決まった日数で孵化します。フタホシコオロギやカマドコオロギがこれにあたります。このように、化性を知ることがその種がどのタイプの卵を産むのかを想定する基準になります。本書図鑑ページの「期」や「飼」コメントからも直接的でなくても化性が読み取れますのでご活用下さい。

基本的に休眠卵も、非休眠卵も管理方法に差はなく、「乾かしすぎず、濡らしすぎず、産んだままの状態で孵化を待つ」のが原則です。休眠卵はどこかのタイミングで卵を冷やして休眠させる必要がありますが、本土に生息する種を本土で飼育するのであれば、自然のままに任せるのが一番ですので、日光や雨風があたらず、かつ霜が降りない程度の野外に置いておきましょう。それだけで時期になれば（多くは初夏）次世代が出現してくれます。

著者宅の庭の卵棚　冬を越えて春から初夏に孵化を待つ卵達。自然の温度に任せる以外にも、冷蔵庫で一定期間休眠をさせ、後に暖かい室内で発生を進めさせれば、ある程度は孵化のタイミングを操作できます。

飼育していた親虫が死んで土中に卵が残っている場合は、表層のゴミをなるべく綺麗に取り除き、少ししっとりする程度の湿度になるよう水分を調整したら、ケースと蓋の間に乾燥予防のビニールを噛ませ、あとは放置。１〜２ヶ月に一回程度軽くチェックして、乾いているようなら湿度調整をする。感覚的には孵化２ヶ月くらい前からが重要なようで、それまでの湿度管理はかなり適当。

植物に産卵する種も親が産んだままの状態で、同じように管理する。非休眠の卵も管理方法は同じですが、早いと１０日ほどで孵化してしまう種もいるのでもっと適当でも大丈夫。

飼育下で産卵するハタケノウマオイ

この他、孵化するまでに数年を要する種が多数知られています。私が飼育している限り、国産の鳴く虫ではキリギリス上科のみで見られる現象で、特にキリギリス亜科で顕著です。

寒冷地、高標高、など寒い地域の個体ほど孵化までの年数が伸びる傾向にあり、例えばオキナワキリギリスは産卵した卵のほぼ全ては翌年に羽化しますが、関東低地のヒガシキリギリスは半数程度が翌年に孵化し、残り半分ほどが2年目以降に孵化します。北海道のハネナガキリギリスは地域によっては9割近くの卵が2年目以降の孵化となり、全ての卵が孵化するまでに4年を要することもあります。これは、遺伝的な要素と、親が孵化してから成虫になるまでの環境に作用されるそうで、自然下での予測出来ない環境悪化から子孫の絶滅を防ぐ危険分散と考えられてます。そのこともあってか、例えば、飼育下で孵化したハネナガキリギリスを関東の室内で育てて産卵させてた場合、その卵の翌年の孵化率はほぼ100％になります。このように、鳴く虫は種類によっては条件次第で卵が孵化するまでの年数に変化が生じます。野生個体から産卵させた場合は、1年目に孵化しなくても、2年目に孵化する可能性もあるので、諦めずに卵は大事にしておくことをおすすめします。参考までに、私が飼育していて、2年卵（2年以上）が確認された種は、キリギリス亜科のほとんどの種、カヤキリ、ササキリモドキ科のいくつか、ウンゼンツユムシ、エゾツユムシ、ヘリグロツユムシです。これら以外にも2年以降に孵化する種はまだいると思います。

カラフトキリギリス
未確認ながら5年卵の存在も疑われています。

東北のヒガシキリギリス
ヒガシキリギリスでも寒冷地では3年卵を産むことがあります。

北海道のイブキヒメギス
カラフトキリギリスと並び4年卵が存在する可能性があります。

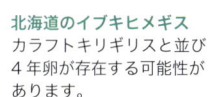

ツシマフトギス
まれに3年目に孵ることもあります。

ウスリーヤブキリ
山地や寒冷地に生息するヤブキリ類は2年卵、3年卵をよく産みます。

アマギヤブキリ
一例ですが、1年目の孵化率は0％で、2年目4割、残りは3年目以降に孵化することがわかりました。

カヤキリ
2年卵があるのは意外でした。

イヨササキリモドキ2年目　ハダカササキリモドキ

山手に生息する短翅系のササキリモドキ類は2年卵を産む種が多いのかもしれません。

関東産ヘリグロツユムシ2年目
ツユムシ類も2年卵が多い予感。3年卵が出たこともあります。

ウンゼンツユムシ2年目
よく似たエゾツユムシも2年卵を産むことがあります。

※卵の大きさは300%

エサ

生き物の営みの基礎であるエサ。飼育する上で最も大事な要素のひとつです。鳴く虫のほとんどの種は雑食性なので、数パターンの餌を用意するだけで大部分を飼うことができますが、基本から特殊なものまで各種紹介をします。

和鳥のすり餌　昔から使用されており、昭和中期の鳴く虫飼育に関する資料などでも当たり前のように登場する主食的存在。とにかく湿気に弱く湿ったケージで使うと1〜2日でカビるのがネック。伝統的に蜂蜜と一対一くらいで混ぜて、カンタン、ウマオイなどの餌に使うことがあります。すぐには腐らなくなるので使いやすくなります（混ぜる作業が面倒ですが）。

ドライのドッグフード　砕いて使えば嗜好性が高く良い餌にも見えますが、油分が強く種類によっては健全に育たないことがあります。特にヤブキリやキリギリス類をこれで育てると妙に太り、明らかに不健康そうな見た目になります。単体での使用はおすすめしません。

ラビットフード（ソフト）　チモシー、アルファルファがありますが、アルファルファの方が用途が広がります。両方が混ざったミックスも良いです。草食性の種や大型のコオロギ類の補助食にとても有用で、傷みにくいのでケージ内にいつも入れておけて便利です。また自家用人工飼料の材料に必須。

手作りフード　ドックフード3、ラビットフード3、ふすま2、ぬか1、さなぎ粉0.5〜1これらをミルサーで粉状にする。これをコオロギ類全般のメインフードにしている他、ラビットフードの比率を少し下げ、さなぎ粉の比率を少し上げ、より肉食性の強いコオロギ類、キリギリス類用になるタンパク強化版も用意しています。

専用フードや金魚の餌　各種メーカーから販売されています。非常に嗜好性の高い魚粉でタンパク質を補っています。よく食べ、健康に育つのは間違いないのですが、魚粉が傷みやすく多湿なケージには使いづらいのが欠点。

キイロショウジョウバエ（できればウィングレス）　ウマオイの幼虫、ササキリモドキなど肉食で小型種の餌に最適。ウィングレスという飛べないタイプがより使いやすい。ショウジョウバエは簡単に殖やせるので、飼育維持しても良いでしょう。

ハニーワーム（ハチノスツヅリガ）とミルワーム　肉食種の幼虫飼育に重宝しペットショップで入手可能。ハニーワームは非常に栄養価と嗜好性が高いですが壁面を登るので、逃げないように頭を潰して与える必要があります。ミルワームは側面を登らないので脱走の心配がなく日持ちもしますが、嗜好性と栄養面ではハニーワームの方が良さそうです。

アブラムシ　カンタン、キリギリスやヤブキリ、ウマオイの幼虫などの大好物。キリギリス類の幼虫が現れる4月頃からハルジオンやバラで、5月頃ならヨモギやフヨウなどから沢山のアブラムシが捕れるので、近所で発生する場所を知っておくと良いでしょう。

昆虫ゼリー 有用そうですが私は滅多に使いません。ウマオイ、ヤブキリはしばしば食べますが、普段のエサが十分であれば喜んで率先して食べる種類はそれほどいない気がします。

リンゴ、ナシなどの果実 ほとんどの鳴く虫がよく食べますが、カンタン、ウマオイ、キリギリスなど肉食性のある鳴く虫が特に好みます。水分補給としても優秀。江戸時代や明治時代ではナシが主流でしたが、リンゴの方がやや使いやすい気がします。

人参 かなり嗜好性も高く使いやすいですが、日持ちと、食いの良さについてはナスの方がやや有用か。

ヤングコーン・ベビーコーン イネ科植物を主食とするササキリ類の多く、クサキリの仲間、カヤキリに非常に優れた餌。その他ツユムシ類など緑色の草上性の多くの種に便利な餌。

ナス 雑食種の基本は主食の人工飼料と水分補給を兼ねた野菜を常にセットで入れること。ナスは持ちも良く、非常に嗜好性も高くとても優秀です。目利きが難しいですが、小さく堅いナスはやや食いが落ち、よく熟れたふかふかのナスは非常に嗜好性が高くなります。

レタス やや持ちが悪いが、かなり広範囲の種に人気で、ほとんどが喜んで食べます。水分が多いので良い水分補給にもなり非常に優秀。ナスと並びメイン野菜のひとつに。

白菜 嗜好性はレタスやナスに及ばないかもしれませんが、新鮮な白菜であれば、ケージの土の上に置けば根が出て、生き続けるので抜群の鮮度の持ちが期待できます。白菜を好んで食べる種であれば、これ以上とない野菜です。総菜カップなどに濡らした水苔を入れてそこに白菜を挿しても根が張るので使い勝手が良いです。

タマネギ 大型キリギリス類の好物。日本では古くからタマネギだけでキリギリスを飼っている愛好家もいるくらいで、これのみでもかなり長生することもあるようです。ただし、夏の時間の経ったタマネギは匂いが強烈ですし糞が水っぽくなり、使い心地は悪いです。

冷凍枝豆 塩っけの入ったものもありますが、使っていて全く悪影響を感じません。中国ではキリギリス類の主食のひとつにしています。籠でキリギリスを飼う場合に使いやすいです。

白米 柔らかめに炊いた白米。中国では多くの種の主食に使われています。特にコオロギ類で嗜好性が高いですが、毎日交換する必要がありやや面倒なので無理に使うこともないでしょう。

まだまだ使えるもの、代用できる餌はいくつもありますが、この項で紹介した餌が念頭にあればほぼ全ての種類を問題なく飼育することができます。種類によって好みが違うのは当然のことですが、個体によっても微妙に好みが違うこともありますので、形式や情報にとらわれず、普段からよく観察しながら適切な餌を選んでください。

床材

鳴く虫飼育において、特に真剣に繁殖を狙う場合はとても大事な要素です。産卵させる種によっても適した床材は異なりますが、産卵させない場合でも健全に鳴く虫を育てるのにあった方が良い場合も多いので、床材各種の特性や使用感を紹介します。

ピート　湿地帯の水生植物で出来た泥炭。田んぼや湿地などに生息する地表性のコオロギやスズ類にうってつけ。園芸店で普通に手に入ります。産地・品質は様々ですが、あまり細かくないものの方が使いやすいです。また、状況次第で目土（極細赤玉）と混ぜても良いです。

ヤシ殻ピート　ココナッツの外殻の繊維を粉状にして半発酵させたもの。森林性のコオロギ類の床材として優秀。それ単体だとちょっとふかふかで乾きやすい感があるので、ピート同様に状況により目土（極細赤玉）を混ぜると湿度が保ちやすくなります。
クチキコオロギ類や多くのコオロギ類に使えます。

ココハスク　いわゆるヤシ殻。ココナッツの外殻を荒くクラッシュしたもの。粒の大きさは様々ですが1.5cm角くらいのものがよく流通しています。大粒のものにはクマスズムシのほか、一部のカネタタキ類、ヒメスズなども産卵しますが、産卵床というより、このゴロゴロ感がケージ内の小型種には隠れ家になります。また湿度維持と衛生状態の確保にも役立つので、マツムシ類やツユムシ類など樹上性種の床材にも適しています。

目土（極細赤玉）　芝生の管理に使う土で、赤玉の極細が主原料。肥料が入っているのは避けましょう。砂があらかじめ混じっているものもありますが、結構鳴く虫に使いやすいです。このままでほとんどのコオロギ類の産卵場に使えます。キリギリス類もよく産卵することが多く、使いどころ満載のアイテム。

砂や黒土　単体ではあまり使いませんが、黒土は非常に水持ちが良く、床材の粘度を上げるので地中性の種の床材の材料に。砂は重たいのでピートやヤシ殻ピートのふかふか感をなくし保湿性を高めます。これらの床材を使い、種類の性質に合わせブレンドした床材も併用しましょう。
まずその種の生息地が田んぼ、湿地、森、または山間かで、ピートかヤシ殻ピートかを決め、それらの床材5に対して、2〜5の目土をつなぎとして混ぜます。これをベースに、必要な粘度に応じて黒土を混ぜたり、河原に生息する種には多めに砂を入れるなどして微調整をしたブレンド床材をケージの半分に敷き分けることが出来れば、虫にとってより良い環境にもなり繁殖は成功しやすくなるでしょう。飼育する種がどんな地質のところに住んでいるか想像しながら作ることが何より大事だと思います。

鈴虫マット　昔ながらのものは樹木の挽き粉と川砂をブレンドしたものです。スズムシは産卵場所に選り好みが少ないので、他のものでも代用できますが、やはり専用のものなので使い勝手は良いです。コオロギ類全般に汎用性が高くお手軽。最近は極細目の赤玉が主体のものも増えてきました。

レイアウトアイテム

ケージ内に設置する足場、隠れ家や樹上性種の産卵床など鳴く虫飼育で使う機会の多いアイテムを紹介します。

飼育する

コルク（バージンコルク） 最近は爬虫・両生類、昆虫類の飼育でよく使われるので手に入れやすくなりました。軽くて腐りづらくシェルターや足場としてとても使いやすいです。ササキリモドキ、カネタタキの産卵床にもなります。

紙製タマゴパック 足場、隠れ家、ベアタンクで飼育する際は非常に便利。広い表面積が稼げるので、過密に強い種であればかなりの個体数を飼育することが出来ます。湿気厳禁。

鉢カケ 素焼きの鉢を割ったもの。寝かせればコオロギ類各種の隠れ家に。保水性が高くシェルター内は適度な湿度調整がされるので使い勝手が良い。汚れてもゴシゴシ洗えるので、餌置き場としても使えます。

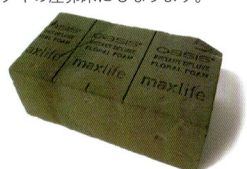

産卵棒

オアシス（フローラルフォーム） 生け花などに使う吸水スポンジ。適度に水を吸わせて使用すると良い産卵床にもなります。コオロギ類には特に必要ないが、産卵場所の好みがよくわからないキリギリス上科やコロギス類で試してみると良い結果が得られることもあります。

水苔 水飲み場に入れることで鳴く虫が溺れるのを防いだり、ケージ内の湿度調整に使ったりと、とても便利な素材。バナナ状に絞って（発泡スチロールくらいの弾力）糸を巻いて固定したもの（通称産卵棒）は小型コオロギ、スズ類、などの産卵にとても使いやすいです。

アジサイやモミジアオイなどの茎 草本ではあるけれど、木本のように堅く内部がスポンジ質にスカスカになる茎は産卵床として人気が高い。カネタタキ、サワマツムシ、クマスズムシなどがよく産卵することがあります。ヒマワリの茎も太く木本のようになったものは使用感が良いです。

針葉樹の樹皮 針葉樹の皮は有用。腐りにくく一定の湿度を保ちやすいので、カネタタキ、ササキリモドキ類の産卵床にとても良い。特にヒノキの皮を剥いた時の案配が最高。スギ、サワラなども上手く剥がせれば使えます。使用前に微小な昆虫の混入を防ぐ意味で一度冷凍することをおすすめします。

枯れたイネ科植物 刈り取り後のイネの株、枯れ草の多いススキの株などはマツムシの産卵床に最適。ヒメギス類も良く産卵し、一部のササキリが産卵することもあります。

ヤシ類の葉柄 なかなか有用ですが入手困難。ヤシならなんでも良い訳ではなく堅すぎず柔らかすぎず適度のものは意外と少ない。ビロウ属のヤシはかなり使いやすい。ヤシの実を縦に割いたものでも代用可能。シュロの葉柄でも太いものなら使用感は近いです。

落ち葉 広葉樹の落ち葉はシェルターや足場になるのはもちろん、湿度維持、また簡易餌皿としてなどいろいろと使えます。特にホオバの落ち葉は大きくて腐りづらく、クチキコオロギやツヅレサセ系はお腹が減ると食べたりもするのでおすすめ。

有用植物

雑食性で植物を食べる頻度が高い鳴く虫達ですが、なんでもかんでも手当たり次第に草を食べているわけではなく、特定の科の植物しか食べない種もいますし、悪食に見える種でも好みの傾向があります。基本的に野菜類は嗜好性が高く数種の野菜でだいたいの鳴く虫は飼えてしまいますが、好んで食べる野草を知っておくことで飼育の幅は広がると思いますし、いざという時にのためにも、いくつかの有用植物を紹介したいと思います。ここで紹介していない野草でも何となく食べそうなものは適当に与えてみても良いと思います。意外とよく食べる雑草が見つかるかもしれません。

タンポポやノゲシ類、ハルジオンなどキク科植物の花粉 これらの花粉を好んで食べる鳴く虫は多く、特にキリギリス類全般の若齢幼虫、カンタン類、多くのツユムシ類には大人気の餌。

ササ類 ネザサやメダケなどはヒサゴクサキリ、フタトゲササキリ、ズトガリクビキリなどの主食となる植物です。水の吸い上げが悪く日持ちしないので、あらかじめ鉢植えなどで用意しておきましょう。ヒメクサキリなども結構好みます。

ヨモギ カンタンがよく食べますが水の吸い上げが悪く日持ちしません。カンタンの産卵場にもなるので根っこごと持ち帰り鉢植えでキープしておきたいところです。

クズ 明るい環境ならどこでも生えるマメ科の雑草。クツワムシ、キリギリス類、カンタン、各種ツユムシ類がよく食べます。枯れたり、乾いた葉でもコオロギ類はよく食べ、鳴く虫全般に人気の草です。

ススキ、アシ、オギなどイネ科多年草 柔らかい茎はカヤキリなどクサキリ亜科の鳴く虫が好み、熟してない葉鞘に収まっている穂はほとんどの種が好んで食べます。

イヌビエやキビ、メヒシバ、オオクサヒギなどのイネ科1年草 クサキリ亜科も好みますが、ササキリ属全般の良い餌。やはり穂が好まれます。産卵場にもなるので、根ごと取り鉢に植えて使うとよいでしょう。

トキワツユクサ（トラディスカンチア） すごく良く食べるわけではありませんが根がなくても日持ちが良く、水に挿しておけば吸い上げも良くすぐに根が出るので扱いやすいです。水分が豊富で多くの鳴く虫の補助食になります。

カラムシやアカソ、ヤブマオなどイラクサ科の多年生植物 明るくやや湿った林縁や都市公園の池の回りなどでよく見る、シソの葉のような草。クツワムシ、ツユムシ類、カネタタキ類などの多くの種が好んで食べます。特にタイワンクツワムシはイラクサ科の植物が大好物。

エノキやサクラ、アカメガシワなど広葉樹の葉付きの枝 サクラなどバラ科の広葉樹やエノキの仲間、アカメガシワなどトウダイグサ科の木本は、樹上性の鳴く虫の餌に使えるものが多い。アオマツムシ、クサキリモドキ、ヘリグロツユムシ類各種などはよく食べます。ホソクビツユムシもよく食べることが多いです。

ハマボウやフヨウなどのアオイ科の低木 クダマキモドキと名のつくツユムシ、ヘリグロツユムシ、ナカオレツユムシなどの大型のツユムシは葉や花、つぼみまで、どの種もよく食べます。

139

中国の鳴く虫文化

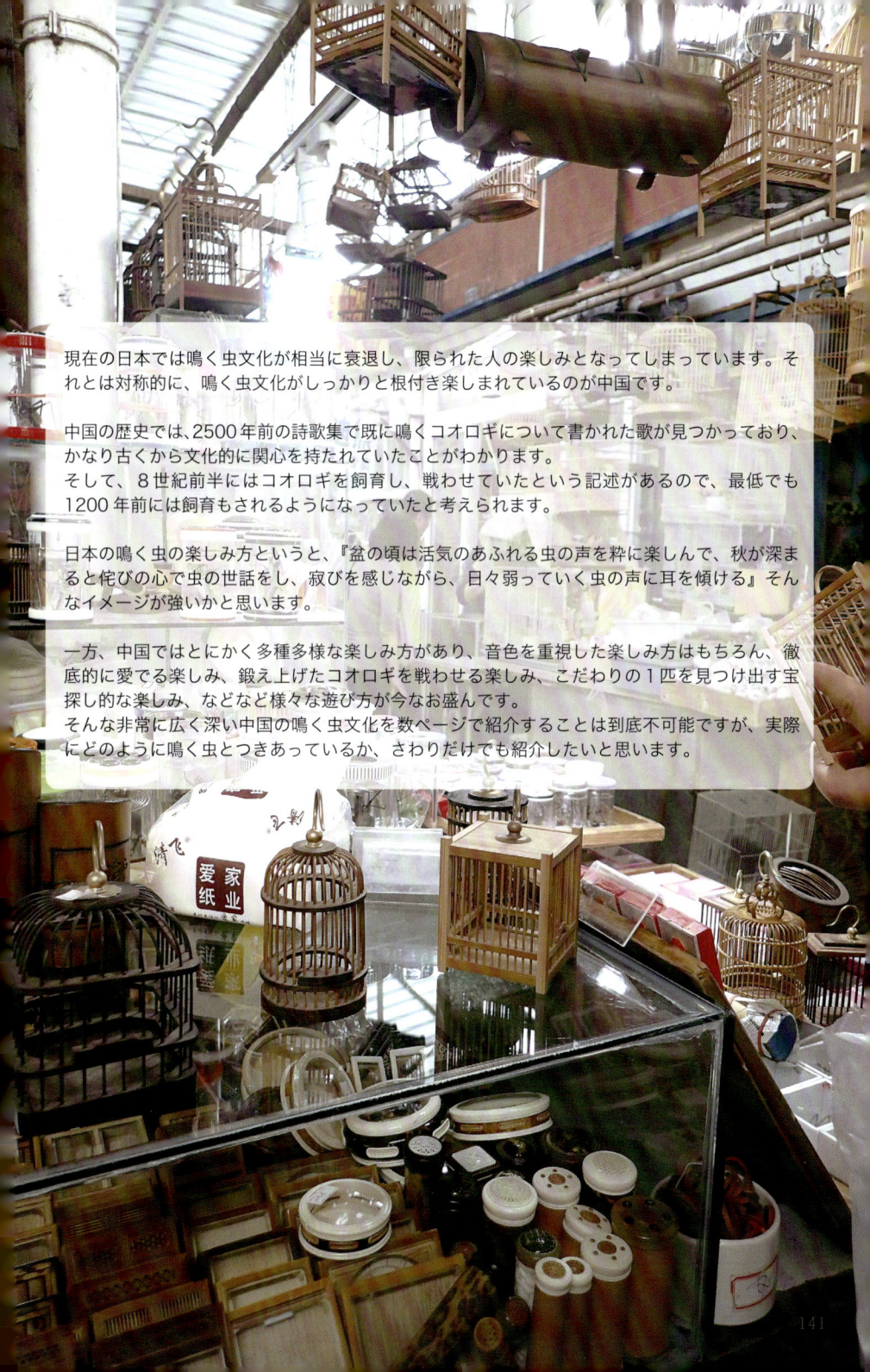

現在の日本では鳴く虫文化が相当に衰退し、限られた人の楽しみとなってしまっています。それとは対称的に、鳴く虫文化がしっかりと根付き楽しまれているのが中国です。

中国の歴史では、2500年前の詩歌集で既に鳴くコオロギについて書かれた歌が見つかっており、かなり古くから文化的に関心を持たれていたことがわかります。
そして、8世紀前半にはコオロギを飼育し、戦わせていたという記述があるので、最低でも1200年前には飼育もされるようになっていたと考えられます。

日本の鳴く虫の楽しみ方というと、『盆の頃は活気のあふれる虫の声を粋に楽しんで、秋が深まると侘びの心で虫の世話をし、寂びを感じながら、日々弱っていく虫の声に耳を傾ける』そんなイメージが強いかと思います。

一方、中国ではとにかく多種多様な楽しみ方があり、音色を重視した楽しみ方はもちろん、徹底的に愛でる楽しみ、鍛え上げたコオロギを戦わせる楽しみ、こだわりの1匹を見つけ出す宝探し的な楽しみ、などなど様々な遊び方が今なお盛んです。
そんな非常に広く深い中国の鳴く虫文化を数ページで紹介することは到底不可能ですが、実際にどのように鳴く虫とつきあっているか、さわりだけでも紹介したいと思います。

闘蟋

中国の鳴く虫文化の中で、特に活気があり今なお加熱し続けているのが『闘蟋（とうしつ）』です。何となく聞いたことがある人もいるかと思いますが、日本では『コオロギ相撲』と訳されることがあるように、決められたリングでツヅレサセコオロギ（またはナツノツヅレ）を一対一で戦わせる競技です。これを相撲とはよく言ったもので、立ち会いからの駆け引きや、がっぷりよつからの勝負を決するまでの技の応酬、決まり手の多さなど、本物の相撲と遜色のない迫力があります。そして横綱や大関、幕内などに相当する各称号はもちろん、マナーやルール、儀式といったものまであり、独特で壮大な世界が作り上げられています。

PowerUP!

竹の先端内部に住むゾウムシの幼虫。

PowerUP!

試合前のドーピング薬に使います。これを食べたコオロギはスタミナが相当に UP するらしい。これが竹に入ってる状態で販売されています。

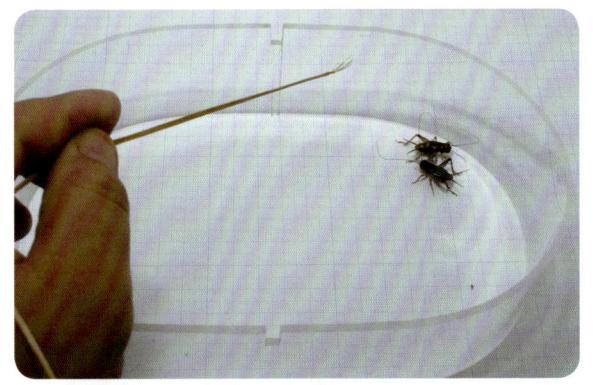

戦っているのはナツノツヅレサセコオロギ

トレーナー（闘蟋家）は、前の年に産卵させた卵から育てることもありますが、多くの場合は、春から初夏に強くなりそうな力士をコオロギ市場で斡旋してもらう（買う）か、初夏に名産地へ出向き、野生の若い幼虫をスカウト（捕まえる）などして、闘蟋家としての１年をスタートさせます。
こうして、数匹から数百匹の力士を徹底的にトレーニングして、秋に自治体や協会などが実施する大会に出場させます。もちろん優勝して名誉を得ることは誰もが目指すところなのでしょうが、茶道・華道・香道のように膨大な時間と手間を掛けること自体が最大の楽しみで、結果は後付けのご褒美のようなものなのです。

大きな試合だけが全てではなく、小さな会は毎週のようにどこかしらで行われているようで、仲間内の少人数で戦わせて楽しんだりすることもあります。秋が深まるとコオロギ達の闘志も弱くなり、その頃には試合をさせようとする人はいなくなります。しかし、シーズンが終わっても、寿命がくるその日まで手を抜くことなく、戦い抜いたコオロギ達を労いながら最後の１匹になるまで世話を楽み尽くすそうです。この最後の１匹が居なくなる寂しさと、やり遂げた喜びが翌年にまた闘蟋を楽しむ原動力になるのだそうです。
これが闘蟋家の１年なのです。

ツヅレサセコオロギ専門店で真剣にコオロギを品定めする闘蟋家

行商人が地方から連れてきた野生のツヅレサセコオロギを品定めする闘蟋家

茜草（チェンソウ）という手綱を使いコオロギを操ります。これで闘争心を煽り試合に挑ませますが、コオロギの性質によって、茜草は使い分けされ、一般的なオヒシバのものや、ハツカネズミのヒゲ、クマネズミの背中の毛、イタチの尻尾の毛など、沢山の種類があります。

色々な茜草

PowerUP!

プロテインのように普段からの体作りに使う餌や、大会の前日に与えて闘争心を上げるもの、嘘かホントかスピードが増すと言われているものまであります。

PowerUP!

主食と併用して使う漢方薬や正体不明なものまで様々。

闘蟋グッズ

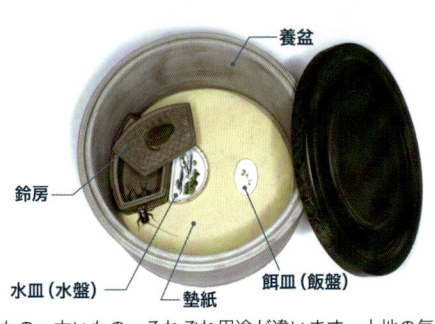

養盆

鈴房

水皿（水盤）

塾紙

餌皿（飯盤）

闘蟋の力士達は、独身寮で1匹ずつ飼育されます。一般的には1シーズンに数匹からせいぜい20、30匹程度の数を大事に育てるようですが、老後の道楽で闘蟋をやっている人は数百匹に及ぶことも少なくないそうです。そんな人は毎日朝から晩まで世話をしているとか。

養盆（ヨウボン）

コオロギの用の飼育壷。中古という概念がなく、新しいもの、古いもの、それぞれ用途が違います。土地の気候、時期、コオロギの性質等によって使い分けます。信じられない話ですが、安いものは数百円から、ビンテージものはマンションの一室と同じくらいの価格のものも。価格的ニュアンスは茶器などのそれに近いです。

シンプルなものも多いが、多少の装飾が施されることも。写真はまだビンテージとは言えませんが1980年代製。

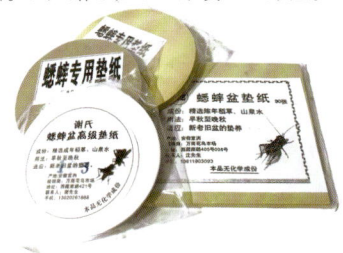

養盆屋　この棚ものは全て新品ですが、値段はピンキリ。名立たる名工の品はプレミアがついてしまい新品でも安い品の100倍くらいの価格になります。

塾紙（デンツー）

養盆の下に敷くカーペットのようなもので、温度の下がる9月下旬から使い始めます。各養盆にあわせサイズは色々。どの製品も、稲藁と天然水のみで作られていて、食べても安全。

塘底屋　塘底（とうてい）という技術を売る店。独自のブレンド土を養盆の中に圧し固め、フローリング加工を施します。使い捨ての塾紙と違い1シーズン使えます。

水皿（水盤）

夏は体が火照るので、コオロギが浸かれるほどのサイズのものを使うことが多い。

人気絵師が直接筆書きした水盤。日本人の日当程度では買えない価格です。

餌皿 （飯盤）

闘蟋では基本的にコオロギの主食は米粒であり、米が数粒乗る程度の皿を使います。個体毎の食べた量を把握するため、小さい皿に同じ量の餌を入れます。

鈴房 （リンファン）

コオロギの寝床。現役バリバリの力士にはあまり使いませんが、捕まえたてのコオロギなどや余生を送るコオロギに使用することが多いです。

戥秤 （トウショウ） と電子秤

本当の相撲のように無差別級ではなく、重量により厳密に階級分けされるので、秤も精密です。
1g の 100 分の 1 の精度で重さを測れます。近代では電子秤が主流になってきました。

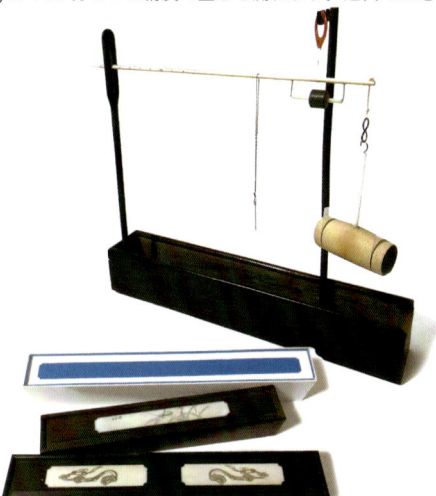

電子秤　非常に手軽なので、主流となりつつありますが、やはり戥秤のほうが高い信頼度を得ているようです。

虫罩 （チュウトウ）

養盆の中のコオロギを観察する時や世話をする時に使います。蓋を取ったあと養盆に当てながら餌の交換をします。

戥秤　古い時代から漢方薬など超精密な分量を計るために使われてきた竿計りと同じ作り。見た目に反してとんでもなく高性能。使わない時は写真下のようにコンパクトにまとまり筆箱のようです。

メンテナンス道具

養盆の中は狭いので、これらの道具を使い、まるでおままごとでもするかのように作業を進めます。

竹钳子（ピンセット）　　篦（掃除へら）

匙（餌やりスプーン）

絨球

過籠 （グォロン） と絨球 （ロンチウ）

コオロギが養盆から飛び出してしまった時や養盆から養盆に移すときなどに使います。コオロギの目の前に過籠を置き、絨球でそっと誘導すると過籠の中に隠れじっとするので、その間に任意の場所へ移します。

過籠

葫蘆

昔から世界中で様々な『容器』として使われているヒョウタン。香辛料入れ、水筒、酒の貯蔵瓶、ニューギニアでは先住民の陰部に装着するパンツにまでなっているほど汎用性のある便利な植物です。中国では葫蘆（ころ）と言い、鳴く虫飼育用のケースとして古来より愛され続けています。鳴く虫の音色を聞くための優れた虫籠で、特にキリギリス飼育者には愛好家が多く、上海には葫蘆虫具専門店も多くあります。

意外なことに日本でもこの葫蘆の存在を知っている人が多く、「社会現象とまでなった名作映画『ラストエンペラー』のラストシーンで溥儀が手にしていたアレです」というと、私より年上の先輩方の多くは「あ、あれね！最期にコオロギが出てきたヤツだ」と反応されるほどです。
※蛇足ですが、皆さんがあまりにも「コオロギが出てきたヤツだ」というので、本当にコオロギだったのか私自身の記憶が心配になり、この文を書くにあたりそのシーンを確認しましたが、やはりキリギリスでした。

上海市内の葫蘆専門店。いつも玄人らしきお客と店主が談笑していてなかなか入りづらいです。

写真のように末広がりでラッパのような形状をしているものが多く、この形が拡声器のような役割を果たし、中で鳴く虫の声を際立てます。ヒョウタンやユウガオが成長する過程で型にはめ、理想の形や模様を浮き出させたりもします。自然のままに育てたヒョウタンでありながら完璧な曲線と形を備えたものは滅多に出現せず、そのようなものは重宝されます。
主にキリギリスの飼育で好んで使われていますが、サイズや形状により飼育する虫の種も選べ、小型のキリギリスの仲間や、コオロギ類も葫蘆で飼育されることがあります。

道具には使うほど、味が出たり使い勝手が良くなったりと、年代を重ねる毎に価値が上昇するものがありますが、この葫蘆はまさにそれで、大事にすれば大事にするほど、本体に艶と年季が増し、時間とともに堅く締まり、より良い音を出すようになるといわれています。
良い葫蘆を買って時間をかけてさらに良い葫蘆に仕上げるという楽しみの要素もあり、それが長く続く葫蘆人気の原動力なのかもしれません。最近では半投資目的で葫蘆を買う人もいるそうですが、そういったよこしまな要素が生まれるほど中国では一般的な趣味といえるのでしょう。

雲南黄楊のクアンと蒙心に精巧に彫刻が施され、葫蘆本体も上等。大卒の初任給では買えないくらいの品。

葫蘆は作りが単純で原則として本体の葫蘆と框（クアン）から構成されています。蒙心は装飾的要素が強く、必須なパーツではないため使用しないこともままあります。銅胆も好みによって装着するアクセサリーの一部という立ち位置ですが、だいたいの人は付けているように思います。

口（コウ）本体と框のジョイント部分（はずれない）

葫蘆

銅胆　　框　　蒙心

蒙心（モウシン）

通気口という名目の蒙心ですが、ちょっした模様替え感覚で付け替える装飾品のような感じです。基本的に豪華な作りであり、素材も昔は象牙などが用いられました。現在ではマンモスの牙、翡翠、鼈甲などの超高級品から、軟玉、紫檀、ヤクや黄牛の角などの高級品、鼈甲風、象牙風各種プラスチックや、牛骨などできた大衆品まで様々。非常に精巧な彫刻が施された芸術品といえるようなものもあり、葫蘆の楽しみを増幅させるパーツです。

お客が持ち込んだ葫蘆の蒙心を手際よく交換する虫具店店主

銅胆（ドウタン）

見た目の演出が蒙心なら、音の演出はこの『銅胆』です。蚊取り線香のようにぐるぐると巻かれた金属の線を葫蘆の入り口に設置すると、中の虫の声と共鳴し雑味が消えクリアな音声となって聞こえるようになるというのです。最初は半信半疑でしたが、実際によく聞き比べると確かに音色が良くなっているような…。その真偽のほどはともかくとして、構造が非常にフレシキブルなので、このグニグニの銅胆の隙間から餌を出し入れできるため、餌やりなどの管理時にキリギリスが出てきてしまうようなことがありません。また、中で虫が暴れた際には良いクッションにもなり、そういった利便性から装着している人が多いのかな？とも思っています。

複雑で凝った作りの銅胆たち。全て手作りであり、虫具店の店主が暇を見てコツコツと作り上げている。

電子葫蘆

プラスチック製。中に入ってるのは電池と電子部品だけ。ボタンを押すと電子のキリギリスの声が鳴り続けます。こんなものまで作ってしまうとは恐るべしです。

虫盒

ざっくりと、コオロギ基準で発展したのが闘蟋・養盆の文化、キリギリスありきで発展したのが葫蘆（ころ）虫具です。そして、中国虫を語る上でどうしても避けて通れないのが『虫盒（ちゅうごう）』です。

これは、キンヒバリやクサヒバリなど音色が美しく小型な種類を飼育するために作られた飼育ケースです。そのコンセプトが風変わりで、美しいヒバリモドキ類の声をいつでもどこでも聴けるようにと、携帯性を重視し胸ポケットに入れることを前提とした作りになっているのです。肌身離さず持ち歩くわけですから、芸術性も徹底追求され、さしずめ中国版『ラグジュアリーオルゴール』といった感じです。

全てが手のひらに乗る大きさで、多くは煙草の箱くらいで小さいものはマッチ箱ほどのものも。そんな小さな箱に込められた彫刻と装飾が織り成す芸術と機能性に、虫好きでなくても収集癖をくすぐられてしまう人は多く、虫を入れるつもりはないのに虫盒を集めている、という人も数多くいます。そんな魅惑の小箱をコレクションの中から紹介します。

単格虫盒（黄鈴盒）　最も一般的な虫盒。多くの虫盒は1部屋で構成されていてそれを単格虫盒といいます。キンヒバリ（黄鈴）用に使うことも多いため、『黄鈴盒』と呼ばれることもあります。汎用性が高いため様々な材質で作られています。写真のものは紫檀製で特によく使われている材質です。

牛骨単格虫盒　玉（軟翡翠）や牛骨、チベットヤクの角など木製以外の虫盒も色々とあります。部屋の中が涼しく、かつ湿度が保ちやすいということで、ヤマトヒバリなどの森林に住む種や暗く涼しい環境を好むカンタンなどに利用されることが多いです。写真のものは牛骨製。

黒檀函単格虫盒　黒檀のケースに牛骨製の本体が入れられる構造になっていて、ここ数年で見かけるようになりました。斬新で少々珍しい構造なのですが、非常に洗練されています。蝙蝠をモチーフとした彫刻も美しいです。

竹製単格虫盒　竹製のものは加工が難しいため扱える職人が少なくまた、単純な作りのものが多いです。しかし使用年数が長ければ長いほど竹は締まり虫の音色を良くすると言われており、玄人ほど好んで使っているように見受けられます。同じ作りの竹製虫盒でも竹の古さによって値段は10倍以上も変動します。

紫檀双格虫盒　虫盒一大メーカー「林社」の傑作。2部屋からなる双房タイプで違う種を入れたり、同種を競わせて鳴かしたりできます。紫檀（マルバシタン）製の本体に、純銀、本煤竹、牛骨で、寄せ木細工のような美しい床板に仕上げられています。

玉製単格虫盒　新疆産の玉（ネフライト）製で、材質としては非常に珍しいです。まさに石櫃。高い保湿性で中は涼しいという特性があるため、夏場のヒバリモドキ類全般におすすめ。

虫盒を多く取り扱う虫具店。虫盒屋は綺麗な店構えであることが多い。

原寸大

小陸単格虫盒 ここ5年くらいで急に現れた新スタイルのアクリル製虫盒。アクリルの物は昔から存在しますが、写真のものは小陸というブランドの製品で、近代的なデザインとブランド性で売り出しています。伝統的で高価な虫盒に引けを取らない価格帯になっています。

竹函単格虫盒 竹虫盒にしては珍しい型で、竹の筒の中に本体がすっぽりと収納できる構造です。長年寝かせた白竹（古竹）を使用しており、艶と飴色が美しい。堅く締まった古竹なので金属音の種に最適。また暗い室内なので特にカネタタキ類とクサヒバリ、黄色いヒバリモドキにおすすめです。

四方虫盒 虫盒は煙草の箱のような形状が主流ですが、正方形で大型のものも少なくないです。重厚感があり、自宅で楽しむのに適していて、大黄鈴というタイワンカヤヒバリの近似種の飼育でよく使われます。写真はインドシタンの高樹齢のもので、これは老紅木と呼ばれ入手が難しく特に貴重な材料のひとつとなっています。

様々なデザインの虫盒達ですが、基本構造は全て同じなので、一度、扱い方の要領がわかれば、どの虫盒を手にしても開け方や扱いに戸惑うことはありません。こういった徹底した統一性も思わず集めたくなってしまう大きな要因だと思います。

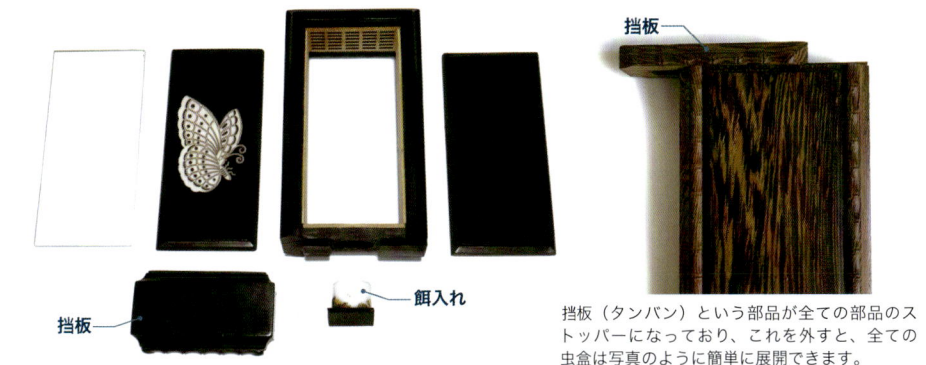

挡板

挡板

餌入れ

挡板（タンバン）という部品が全ての部品のストッパーになっており、これを外すと、全ての虫盒は写真のように簡単に展開できます。

虫具いろいろ

闘蟋（養盆）、葫蘆、虫盒と3系統の虫具を紹介しましたが、中国にはまだ様々なタイプの虫具や楽しみ方が存在します。これら全てを紹介するとページがいくらあっても足らないくらいなので、本書では、これは外せないという虫具達を簡単に紹介します。

虫管または虫筒　上部に蓋と通気、底部に餌などの管理用の小窓がついた形状のものをひとくくりに虫管または虫筒と呼びます。ウマオイ、ヒバリモドキ、カンタン、などありとあらゆる鳴く虫の飼育に見合った形状のものがあり、例えば、カンタン（竹蛉）用なら『竹蛉筒』、キンヒバリ（黄蛉）用だったら『黄蛉筒』といった具合に専用の名称になることが多いです。材質も様々で単純な作りのものから非常に凝った芸術的なものまでバラエティに富み、虫盒などと同様にコレクション性も高く人気のある虫具です。

景徳鎮で作られている養盆（虫缶）　伝統的な青花という唐草模様に似た技法から、祥瑞まで色々な柄で作られています。涼しい作りで夏期に使いやすく、寒い北京などではあまり見ません。

鳴き声用の養盆（虫缶）　闘蟋用の養盆は蓋に穴がありませんが、コオロギの声を楽しむためのものは声が通るようになっています。デザイン性にも優れるものが多いです。

銅拉子（トンラーツ）　よく熱が伝わる銅または白銅製で懐に忍ばせることでコオロギは寒さを凌ぐという変わった飼育ケース。意外と人気で有名作家品などのビンテージものは大変な付加価値がつきます。

コオロギ籠　昔から竹細工が盛んな湖南省湘西という地域でよく作られているコオロギ籠。伝統的な作りで古くは上海や北京に出荷されていたようですが最近ではあまり見ません。四川でもよく似たものが作られています。

キリギリス用虫籠　鳥籠を縮小したような虫籠はキリギリスの飼育でよく使われます。上海でもよく見ますが、南部製は少なく、ほとんどが北部で作られています。一部竹製のものは山東で製造されていますが、黒檀など木製や金属製のものは河北、特に天津産が多いです。木製の虫籠スタンドと合わせるとさらに見栄えが良くなります。

古竹キリギリス籠　このタイプは浙江省、特に杭州でよく作られています。見た目は古いが新しい竹のもの、本当に古いものから、古く見せているものまで様々。

コオロギ用2階建て籠　香港で売られていたもの。深圳あたりで香港向けに作られているそうで、おそらく本土では売られていないもののため個人的には少し新鮮な籠。2階建てのものは本土でも珍しくありません。

牛骨製虫籠　色々な種類がありますが、なぜか虫市場ではあまり見かけず骨董店に多いです。

鳴く虫の種類

日本と違い非常に多様な文化を遂げた中国では、鳴く虫そのものの入手もさほど難しくありません。上海や北京などの大都市に必ず数件ある『花鳥市場』へ行けば、市場内に鳴く虫専門店がいくつもあります。養殖ものから天然ものまで、ほぼ1年中何かしらの鳴く虫が販売されています。

さすがに真冬は、キンヒバリ、各種ヒバリモドキと、コオロギ類数種、少々のキリギリスくらいとなりますが、初夏から晩秋くらいまでは非常に種類数が多く、専門店が多い市場では、市場全体で30種は優に超えるであろう品数になります。シーズン中の市場はとにかく活気に溢れ、凄まじいばかりの雑踏と喧騒に包まれますが、現地愛好家はそんなのはお構いなしです。繊細な音色に耳を傾けお気に入りの1匹を見つけ出す泰然自若の極意もまた見物のひとつです。

市場場外の煙草屋ですが、普通に鳴く虫も売っています。

自前のルーペを使って真剣に品定めをするお客。

キリギリスが1匹ずつ入ったプラ籠。昔は全て手編みの竹でした。

地方から続々キリギリスが入荷し、てんてこ舞いの仲卸。毎日餌やりだけで6時間を費やしているそうです。

基本的に1年中賑やかな中国の鳴く虫市場ですが、当然浮き沈みはあります。闘蟋シーズンが始まる8月頃は独特な活気で賑わっていますが、やはりキリギリスシーズンの到来は強烈です。まだ涼しかった初夏の陽気が終わりを見せ急激に気温が上がる6月の中頃から、一斉に地方からキリギリス行商人が流れ込み、数日でどこもかしこもキリギリスだらけになる爆発的変化はまるでお祭りのようです。

カホクコバネギス　とても大型。名前のとおり河北省産が多い。産地、翅と体の各個所の色、体型、翅の型の組み合わせにより40以上のタイプに分かれていて全てに名前があります。値段もピンキリ。

チョウセンフトギス　本種もまた日本のキリギリスより遥かに大きいです。北京郊外などで養殖もされていますが野生個体も多く入荷します。

市場で見る虫たち

中国の市場ではシーズンにより取り扱う種に変動がありますが、1年間で50種以上の鳴く虫を取り扱っているように思います。音色重視の品揃えなので、強烈なビジュアルの直翅は滅多に見ませんが、それでも毎回見慣れない種の発見もあり探訪はとても楽しいです。そんな現地の市場で売っていた虫達のいくつかを紹介します。

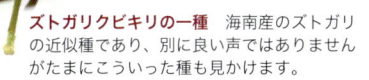

ズトガリクビキリの一種　海南産のズトガリの近似種であり、別に良い声ではありませんがたまにこういった種も見かけます。

小型のキリギリスの仲間　扎嘴膀（チャーツイバン）と呼ばれる人気種でチャキチャキ鳴く声も良い。サイズも見た目もアシグロウマオイを緑にした感じですが、よりキリギリスに近い仲間です。

安徽省のヒバリモドキの一種　『大黄蛉』といえば中国で一番人気の鳴く虫で、1年中売られています。キンヒバリやタイワンカヤヒバリに似ていますが一回り大きい。サイズ、天然、養殖、声の善し悪しで、値段が100倍以上変動します。

アオマツムシ類色々　日本と同種のアオマツムシも人気ですが、雲南省産の茶色い種は音色が格別でいつも高価で取引されています。この他ミャンマー産のものや、広西省のものなど、5種類ほど見かけます。

カンタンの一種　写真は天水市の大型のカンタン。カンタン類は人気が高く、秋になると5〜6種は見かけます。

アシジマカネタタキの近似種　海南島産のカネタタキで美しい音色で鳴き、フトアシジマカネタタキのよう。この他、カネタタキやヒルギカネタタキなど日本産と同一らしきものもよく見ます。

奇妙なスズムシの一種　砂漠性のゴミムシのような容姿で行動も似ています。鋭く非常に美しい声で鳴きます。

ツヅレサセコオロギ属の一種　山東省産のコオロギで闘蟋戦士に使われます。クチナガコオロギほどではありませんが、ツヅレより顎が大きい。声はクチナガによく似ています。

雲南省産のクロツヤコオロギの近縁種　その名も『紅牡丹』と洒落ています。鳴き声は日本のクロツヤとよく似ています。

エンマコオロギ類色々　エンマ類も人気が高く、日本のエンマと同一種らしきものも含め、少なくとも5種以上は見かけます。また品種も多く、全身が白いもの、目だけ白いもの、赤いものなど、品種も含めるとかなりの品揃えになります。

巨偽叶螽（ヒラタツユムシ科の一種）
中国の雲南南部で採集される超大型種で11cmを超えます。

枯れ葉擬態のヒラタツユムシ科の一種
こちらも雲南省産。物珍しく、こういうのを見つけると嬉しくなりますが、あまり人気はないらしい。

ヨーロッパの鳴く虫文化

日本と中国に鳴く虫文化があるのは周知のとおりですが、世界では虫の声や飼育を楽しむ文化はほとんど知られていないようです。

単に子供が遊びで飼う昆虫がたまたま鳴く虫であるということは当然あると思いますし、実際にアフリカや南米でも独特の虫籠に鳴く虫を入れて飼っていたという記録もあります。またインドネシアなどでは競技のための戦士としてコオロギを飼育する文化がありますが、日本や中国とは趣がだいぶ違います。

やはり『文化的に』という条件の上で鳴く虫を楽しんでいたのは、私の知る限り日本と中国以外では、ヨーロッパの一部、特にドイツとその近隣国くらいです。

日本や中国から遠く離れたヨーロッパと、鳴く虫文化の交流が行われていたという話はほとんど聞かず、1900 年代に中国製虫籠の輸入はあったものの、基本的にアジアの文化の影響を受けずにヨーロッパ独自で鳴く虫文化として発展してきたようです。遠く離れたヨーロッパで同じように鳴く虫を愛でる文化があることはとても面白いと思います。

しかし、よくよく考えると、ドイツの人々と日本人の気質はどういう訳かよく似ています。特に、趣味のミニチュア指向は驚くほど一致しており、生き物趣味も、ちまちまとした肩が凝りそうな作業を要求する生物の飼育を特に好み、金魚、盆栽、熱帯魚をはじめ、爬虫類や両生類の飼育も小型のヤモリ、ヤドクガエルなど好みは驚くほど共通します。ともすると、大昔から鳴く虫の飼育を楽しんでいたという事実も別に不思議なことではないのかもしれません。

そのドイツの鳴く虫文化ですが、資料は少ないものの、歴史は古く少なくとも 1600 年代中頃にはコオロギ飼育用の虫籠が売られていた記述があるそうです。キリギリスやヤブキリなども飼育され、ヤブキリの行商人が町にいたそうです。またヨーロッパでの虫籠は家の形をしたものが多いのですが、ハンブルグではこの家型のヤブキリ用の虫籠の型紙が文房具屋で普通に売っていたそうです。ちなみに、ヤブキリ用の家の型紙を作っていたのは 1912 年創業のドラクーンという会社で、現代でも人気のドールハウスメーカーだとか。

ドイツの虫籠

木製でとにかく可愛らしい。現代のものですが伝統的な作りであり、200 年くらい前でもこのような形状だった模様。

ドイツ以外、イベリア半島でもコオロギやキリギリスが飼われていた習慣があり、明確な記述がないものの、エピグラム（寸鉄詩）に書かれていることから、ドイツのそれと変わらないかもっと古い歴史があるのかもしれません。スペインやポルトガルでは鳥籠を小型にしたような金属の虫籠でコオロギの飼育を楽しんだそうですが、1960 年代からはプラスチック製のものが販売されるようになりました。

ポルトガルの虫籠

原寸大

プラスチック製の虫籠は 1960 年代後半に初めて現れました。これでコオロギを飼っていたらしい。

1960 年代

1970 年代

1980 年代

1990 年代

日本 1970 年代〜現在
奇しくも日本でも昭和 40 年代からプラスチック製の虫籠が作られ、キリギリスを入れて販売されていました。ポルトガル製とどことなくテイストが似ているのは、同じプラスチック製ゆえの偶然かと。

155

用語解説

■**亜種（あしゅ）**　種の中のさらに小さい仲間分け。遺伝的差異はあるが、別種ほどではないといったニュアンス。亜種に対しては基となる基亜種が存在する。

■**1属1種（いちぞくいっしゅ）**　分類的に近い仲間がいなくて単一種のこと。単型ともいう。生物の区分で目、科、属、種と階級があるが、上の階級ほど単型はまれ。たとえばカモノハシは1科1属1種。

■**移入混雑個体群（いにゅうこんざつこたいぐん）**　もともと存在していた種ではなく、何らかの理由で他の地域から侵入してきた種がその土地にもともといた種と繁殖し、雑種または交雑個体として姿を変えた生物群。

■**羽化（うか）**　昆虫が成虫になるための脱皮のこと。基本的に多くの昆虫の成虫には目立った羽（翅）が存在し、成虫になる時に急に現れるように見えることから。

■**化性（かせい）**　昆虫がその年に何回代を繰り返すかを表す性質。年1回しか成虫が出現しないなら1化性、2回なら2化性、それ以上なら多化性、または周年と呼ぶことが多い。

■**灌木（かんぼく）**　植物学用語では成長しても3メートル以下の木とある。しかし、習慣的にだいたい人の目線くらいまでの高さのものを灌木ということが多い。本書でも概ねそんなニュアンスで使っている。

■**局所的（きょくしょてき）**　辞書によると“ある限られた部分”とある。生物の生息状況を表す言葉としてよく使われるもので、“分布が局所的”と表記されるものは、本当にちょっとやそっとじゃ見つからない。

■**産卵管（さんらんかん）**　卵を自分からより離れた所に産みつけるための注射器のような管。特に直翅目でよく発達する器官で、傾向として土中に産卵するものはまっすぐな針状、植物体に産卵するものは、カーブしたナイフ状であることが多い。ちなみに、ハチなどの針は産卵管が変化したもの。

■**終齢・亜終齢（しゅうれい・あしゅうれい）**　不完全変態の昆虫が次の脱皮で成虫になる状態のことを終齢、さらにその1段階手前を亜終齢という。カブトムシのような完全変態の昆虫は、蛹になる手前の段階を終齢という。直翅目は不完全変態。

■**樹上性（じゅじょうせい）**　木の上を生活圏とする生き物のことをいう。一般的に木からは下りないか、殆ど下りない。ほ乳類ではリスやムササビなどが該当する。直翅類ではアオマツムシや一部のツユムシ類などが樹上性となる。

■**初齢（しょれい）**　昆虫が卵から孵化した後の状態のことをいう。即ち産まれてまだ一度も脱皮をしていない状態。1齢ともいう。

■**スズ**　ヒバリモドキ科の地上性のもの。とりわけヤチスズ亜科を指す通称。

■**石灰岩地（せっかいがんち）**　珊瑚岩など主成分が炭酸カルシウムの岩石により形成された場所。珊瑚礁が隆起して出来た大地もそれである。南西諸島に多く見られ、水はけが良く背の高い植物が育ちづらい。

■**草本（木本）（そうほん）**　一般に草のことをいうが、正確には木ならない植物のことなので、10メートルを超えるバナナの仲間も草本である。それに対して、木本（もくほん）は茎が木質化する植物のことで、一般的にすべての樹木がそれであるが、ハイビャクシンの様に地面を草のように這うものも含まれる。

■**疎林（そりん）**　疎らな林。土壌の栄養分、地質等さまざまな理由により樹木があまり育成できない環境。サバンナもこれに該当する。基本的に鳴く虫類が多い環境ではないが、疎林を好む種もいるにはいる。

■**大図鑑・標準図鑑（だいずかん・ひょうじゅんずかん）**　大図鑑とは2006年に北海道大学出版会より発売された『バッタ・コオロギ・キリギリキス大図鑑』のこと。国産直翅類に関する書籍の筆頭。標準図鑑とは2016年に学研より発売された『日本産直翅類標準図鑑』のこと。国内に記載された直翅類全種が掲載されている唯一の書籍で情報も最新。

■**短翅型・長翅型（たんしがた・ちょうしがた）**　短翅型は通常の個体または長い個体に対してより翅が短い型。長翅型はその逆に長い型。同一個体群内で翅の長さに明瞭に違いが表れるものを翅多型（はねたけい）という。サバクトビバッタなどの直翅類で特に有名な性質だが、さまざまな昆虫群に見られる。

■発音器(はつおんき)　鳴く昆虫が音を出すための器官。本書でいう鳴く虫（コオロギ類、キリギリス類）の場合は、主にオスの前翅にある。バッタ類では後肢と翅、セミでは腹部背面にある。

■捕食(ほしょく)　餌となる他の生き物を捕らえて食う行為。鳴く虫は雑食の種が多く、潜在的にはかなりの種が捕食を行うと思うが、積極的に捕食することが知られているのはウマオイやヤブキリなど前肢のけい節に棘がよく発達する種類。

■マント群落(まんとぐんらく)　ツル性植物や低木が構成する環境のこと。特に林縁ではマント群落になっていることが多い。鳴く虫が好む主要な環境の一つで特にツユムシ類が生息することが多い。

■未記載(みきさい)　新種であるが、または新種と予想されてるが学術論文などで正式に発表がされていない種を指す。故に学名はないのが普通。

■夜行性(やこうせい)　夜間に活動する性質。多くのコオロギ類はこれにあたるのに対し、日中活動をする性質を昼行性（ちゅうこうせい）といいキリギリスがこれにあたる。例えばハチは夜に飛ばないし、昼には絶対に姿を見せないガ類が多いなど、強い制約になっていることが多い。直翅類の場合は多くの昆虫と比較し境界が曖昧な傾向があり、夜行性、昼行性をはっきり断言できる種類は少ない。

■誘惑線(ゆうわくせん)　一部の直翅類のオスの翅の付け根に見られる器官。ここからメスを誘因する物質を出す。メスがオスの背中に乗り分泌物を夢中に舐め始めるとその際にオスは精子をメスに渡し交尾が成立する。

■葉鞘(ようしょう)　葉の基部が鞘状に変化し茎を包んでいる部分のこと。イネ植物の多くに見られる。タケノコの皮もそれにあたる。クサキリ類やササキリ類など葉鞘に卵を産む種は多い。

■林縁(りんえん)　森や林の周縁部のことで、とりわけ草地や薮との境界線を指す。森と草地の双方の特性を指し生態系は多様であることが多い。

■鱗片(りんぺん)　生物の体表を覆う鱗のような構造物。昆虫ではチョウやガの鱗粉もこれにあたる。直翅類で目立った鱗片を持つ種は少ないが、国産のカネタタキ科では全種が体表を鱗片で覆われている。

■奄美群島(あまみぐんとう)　南西諸島内北部に位置する、奄美大島を筆頭とした島嶼群。奄美大島から徳之島を経て与論島までの範囲。

■大隅諸島(おおすみしょとう)　九州本土のすぐ南に位置する島嶼群で、屋久島と種子島とその周辺の幾つかの島をいう。天気予報で屋久島地方と呼ばれている地域。

■沖縄諸島(おきなわしょとう)　南西諸島の中央。沖縄本島を中心に北は伊平屋島、西は久米島、南は慶良間諸島まで含まれる。行政的には大東諸島も含めることがあるらしいが、本書では含めない。

■ヤンバル(山原)　沖縄本島北部の森のことをいう。その範囲は明確な区分はなく、かなり広い範囲を指すこともあるが、生き物を取り扱う人にとってはとりわけ大宜味村、東村、国頭村の三つの地域のみをいうのが普通。

■先島諸島(さきしましょとう)　宮古列島、八重山列島を含めた範囲であり、南西諸島南部全域。

■南西諸島(なんせいしょとう)　九州南端から台湾北東までの島嶼群。亜熱帯域を含み本土とは生物相が大きく異なる。

■本土(ほんど)　行政的には北海道、本州、四国、九州、沖縄本島の5島を本土と呼ぶが、生物の従事者は基本的に北海道、本州、四国、九州の4島のみを指すのが普通。本書でも沖縄は含めない。

■八重山列島(やえやまれっとう)　石垣島、西表島、与那国島を中心に周辺の島々含めた島嶼群。日本の一番西に位置し、本土や沖縄諸島よりも台湾や大陸に近い系統の生き物が多い。

カマドウマ・クロギリス15種を
緑で表記
column市場で見る鳴く虫たち
（P152.153）で紹介する鳴く虫は
省略

あとがき

鳴く虫ばかりを追いかけているこの頃、そんなに鳴く虫が好きなのか？とよく質問されますが、どれほど好きなのか自分でもよくわからずにただひたすらに向き合っています。逆に、好きでない生き物というのは思い当たらず、目につけば如何なる系統の生き物も手にして、場合によっては飼ってみて、面白いと思ったらのめり込んでその類ばかりを追いかけるようになって、いつの間にか今度は別の生き物に興味が移って・・・というのをもう数十年前から繰り返していますので、結局何が一番好きなのかよくわかりません。が、過去を振り返るとどうも鳴く虫とカエルにはいつも安定して夢中になっていて、このふたつの仲間が実のところの私が『好き』な生き物なのかなぁ、と思ってきました。

このふたつ、昆虫と両生類であまり共通点はなさそうですが、目レベルの特徴として『跳ねる』、『鳴く』という希有な共通点があります。私の目には、ヒキガエルとサンショウウオよりも、ヒキガエルとクマスズムシのほうが近い仲間に見えてしまいますし、ヤブキリとケラの関係よりも、ヤブキリとモリアオガエルの方がよっぽど似て見えてしまいます。この両者は戦略や生態がとても似ていて、こういう生き物に惹かれるのだなぁと最近になって気づきました。

私にとって、さほど違いのない鳴く虫とカエルですが、世間評価は正反対であることが多く、ネットなどで検索してみてもカエルは断然にカワイイ寄りの立ち位置をキープし陽なイメージを持っているのに、直翅（鳴く虫）はというと、気持ち悪いと感じる人の方が多い感があり、いや、好き嫌い以前に、そもそも全く眼中に無い場合がほとんどで、凄まじい温度差を感じています。この鳴く虫に対する不当とも思える扱いがすぐにどうこうなるなどとおこがましい考えは毛頭持ち合わせておりませんが、いつかはカエルと同じように皆さんに愛される虫になってほしいなぁ、という願いもあり、まずは虫好きの皆様が集まった場や、鳴く虫好き直翅好きの方々の話題作りの一端でも担えたのでしたら、本書制作にあたった甲斐にもなり、今後の活動の原動力にさせて頂きたいと思います。

お礼

現実的に採集可能な国産種を全て自分の手で採集し、そして飼育繁殖をさせてみる。という些細な目標を掲げてから今日までの歩みは自分の思い描くペースで順調に進んでいて、やっとゴールというか、ひとつの節目までは、そう遠くないところに見えてきたような気がします。ところが昔に採集、飼育をしていた種は写真が1枚もない、ということもありますし、撮影をしたつもりでもよく見ると写真が汚すぎるなど、たくさんの更新も必要なため、ある程度納得できるところまでたどり着くのにはまだまだ時間がかかりそうな状況です。

しかし、こんな活動をとぼとぼと続けていた甲斐があってか、2016年には『鳴く虫ハンドブック』を作る機会に恵まれ、この度は、本書を出版させて頂く運びとなり、今までの活動を形にすることが出来とても嬉しく思っています。

本書の制作にあたり掲載する写真を選んでいると一点、一点、「あ、コイツは全然動きが止まらなくてイラついたなぁ」とか「コイツはすぐに変な汁を出して大変だったなぁ」とか、撮影時の苦労を回想することもしばしばありましたが、そんなことよりも「これはHさんが西表で捕まえてくれた個体だ」、「こっちはUさんの情報がなかったら見つけられなかったな」とか「コイツはHさんが不眠不休で捕まえたって言ってたなぁ・・・」なんて、個体や情報を提供してくださった方々のお顔ばかりが想起し、普段から本当に沢山の方に助けてられているのだと改めて有り難さを感じました。やはり今回の出版も私一人の力では到底及ばず、皆様のお力添えがあって初めて完成することができたと思っております。

ご協力くださった方々に、この場を借りて心よりお礼を申し上げます。

2018年6月13日　奥山風太郎

日本直翅類学会、入会のおすすめ

バッタ類、鳴く虫、含むゴキブリやナナフシ、ハサミムシなどの直翅系昆虫の研究と一般的普及活動のための、研究者および愛好家の友好と情報を交換する会です。それほど堅苦しいものでもないので、もっと知りたい方、最新の動向が気になる方は、是非！

連絡誌「ばったりぎす」は原則として年1回以上の発行。機関誌「Tettigonia」は随時発行。年会費は4000円です。

本書を見られた方で、入会等に関するご質問お問い合わせは orthoptera@bugs.ocnk.net 奥山までお願いします。

奥山風太郎（おくやまふうたろう）
1977年東京都出身、10代前半より生き物にまつわる仕事に従事。
世界各地で野生生物の姿を調査し、雑誌等で紹介してきた。
著書に『日本のカエル＋サンショウウオ類』『ダンゴムシの本』『鳴く虫ハンドブック』がある。

制作協力（五十音順・敬称略）
阿部謙悦・伊東渉・上田秀雄・杉本雅志・林正人

お世話になりました（五十音順・敬称略）
秋山博美・天野利光・荒木克昌・石井かえで・市川顕彦・伊藤威一郎・伊藤ふくお・今井悠・うみねこ博物堂・岡田忠彦・河合正人・上江規夫・小倉勘二郎・黄鈴虫具店・小島昌治・佐藤高好・島田拓・島野智之・下山孝・白輪剛史・杉本美華・須々田明彦・曽野部晃嘉・体感型動物園 iZoo・筒井学・中川脩・中川紘・中川敏・鳴く虫処AkiMushi・日本直翅類学会・爬虫類倶楽部中野店・バンナ公園世界の昆虫館・古田悟郎・増留宏宣・諸隈綾・矢島武志・八本清・有限会社むし社

モデル
ルーカス淺野

引用文献
奥山風太郎 ,2016.鳴く虫ハンドブック—コオロギ・キリギリスの仲間.文一総合出版
日本直翅類学会(編集),2006.バッタ・コオロギ・キリギリス大図鑑.北海道大学出版会
町田 龍一郎 (監修)・日本直翅類学会 (編集),2016.日本産直翅類標準図鑑.学研プラス

参考文献
大阪市立自然史博物館・大阪自然史センター ,2008.鳴く虫セレクション.東海大学出版会
加納康嗣,2011.鳴く虫文化誌—虫聴き名所と虫売り.エッチエスケー
佐々木健志・山城照久・村山望 ,2009.生態写真と鳴き声で知る沖縄の鳴く虫50種.新星出版
瀬川千秋,2002.闘蟋—中国のコオロギ文化.大修館書店
日本直翅類学会,ばったりぎす日本直翅類学会連絡誌
町田 龍一郎 (監修)・日本直翅類学会 (編集),2016.日本産直翅類標準図鑑.学研プラス
松浦一郎,1989.鳴く虫の博物誌.文一総合出版
村井 貴史・ 伊藤 ふくお・日本直翅類学会,2011.バッタ・コオロギ・キリギリス生態図鑑.北海道大学出版会

図鑑 日本の鳴く虫 コオロギ類 キリギリス類 捕り方から飼い方まで

2018年8月8日　初版第1刷発行
2018年9月9日　第2刷発行

著　　　者　　奥山 風太郎
編集・デザイン　みのじ
制　　　作　　江藤 有摩
発 行 者　　石津恵造
発 行 所　　株式会社エムピージェー
　　　　　　〒221-0001　神奈川県横浜市神奈川区西寺尾2丁目7番10号 太南ビル2F
　　　　　　TEL：045-439-0160　FAX：045-439-0161
　　　　　　URL：http://www.mpj-aqualife.com
印　　　刷　　フラッシュウイング

ISBN978-4-904837-67-2　Printed in Japan